JN232524

ユビキタス時代のアンテナ設計
広帯域, マルチバンド, 至近距離通信のための最新技術

工学博士
根日屋英之, 小川 真紀 著

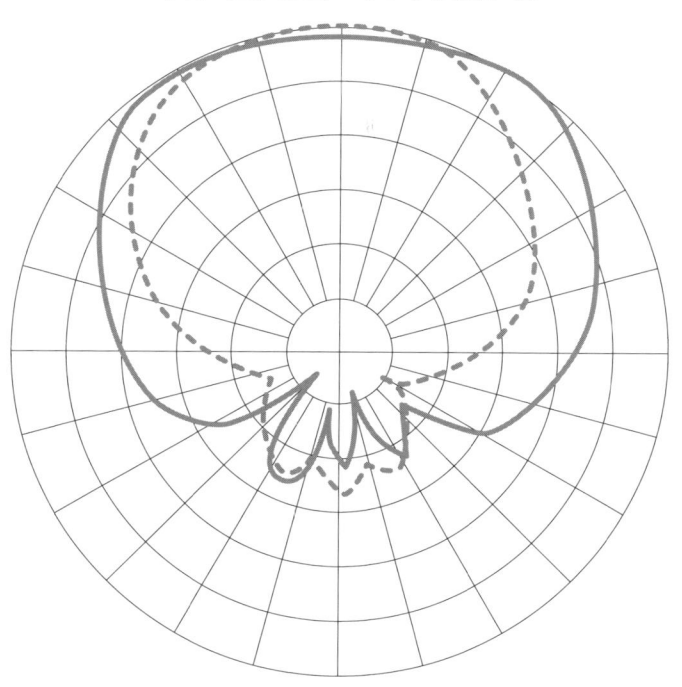

東京電機大学出版局

本書の全部または一部を無断で複写複製（コピー）することは，著作権法上での例外を除き，禁じられています。小局は，著者から複写に係る権利の管理につき委託を受けていますので，本書からの複写を希望される場合は，必ず小局（03-5280-3422）宛ご連絡ください。

はじめに

　世の中は情報通信時代で，私たちのまわりにも多くの無線通信機が存在する．無線通信機と空間のインタフェースはアンテナである．

　近年の通信システムは，**狭帯域通信**と**広帯域通信**に分けられる．狭帯域通信用アンテナは従来の設計手法を用い，アンテナを共振器ととらえて設計する．一方，UWBに用いる超広帯域通信用アンテナでは，その帯域は 3.1〜10.6 GHz と非常に広く，インパルス通信という特殊性もあるので，アンテナの広帯域設計の他に利得や群遅延特性の偏差の抑制，周波数によってアンテナの打ち上げ角が変化しないような配慮，アンテナの物理的な長さにより生じる信号の波形歪を生じさせないようにすることなど，従来のアンテナ技術に加え，その無線システムの特徴も理解した上での設計が要求されるようになってきた．

　また，今までの無線通信は遠方と通信することを前提にしていたので，アンテナも**遠方界**の振る舞いのみを考えればよかったが，近年，話題になっている**ユビ**

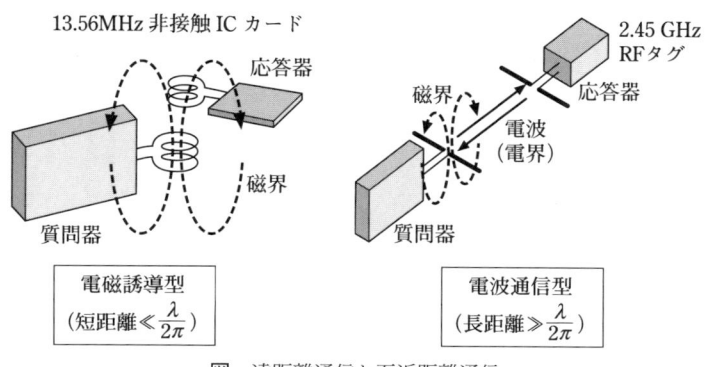

13.56MHz 非接触 IC カード　　　　　　　　　　2.45 GHz RFタグ

応答器　　　　　　　　　　　磁界　　　応答器
　　　　　　　　　　　　　　　　　電波（電界）
磁界
質問器　　　　　　　　　　　質問器

電磁誘導型　　　　　　　　　電波通信型
（短距離 $\ll \dfrac{\lambda}{2\pi}$）　　　　　（長距離 $\gg \dfrac{\lambda}{2\pi}$）

図　遠距離通信と至近距離通信

キタス通信の世界では，図に示すように至近距離通信が前提となり，磁界が支配的な**近傍界**での現象をとらえる必要がある．

このように，近年の無線通信の多様化に伴って，アンテナの設計手法も多様化している．本書はユビキタス通信時代に即し，従来の設計手法に加えて，今までのアンテナ技術書にはあまり論じられていなかった新しいアンテナの設計手法をいろいろな観点から考察してみた．

第1章ではベクトルの概要と電磁気学の基礎，第2章ではアンテナの電気的特性を評価する上でのパラメータの説明，第3章ではアンテナの基本特性の解析，第4章では給電線，第5章では給電方法，第6章から第9章は具体的なアンテナの設計事例，第10章では電子回路とアンテナの融合の事例，第11章では回線設計，第12章ではアンテナの測定，付録として平面アンテナの小形化の事例に関して述べている．

新時代のアンテナを具現化するアンテナ設計者にとって，本書が参考になれば幸いである．

2005年8月

根日屋 英之，小川 真紀

謝辞

本書を執筆するにあたり有益なご助言をいただきました，長谷部望先生，坂口浩一先生，長澤幸二先生，三枝健二先生（以上，日本大学），申憲撤先生，禹鍾明先生（以上，忠南大学校工科大学）に深謝いたします．

本書を執筆するにあたり研究開発にご協力いただきました，西村直樹氏（工学博士），辻本卓哉氏，野上敦史氏，梶田佳樹氏（以上，キヤノン株式会社），豊福雅宣氏，佐々木広明氏（以上，株式会社ブリヂストン），椎津順一氏，宮沢克行氏，河原浩一氏，岩崎恭治氏，稲葉勝己氏，西岡建太氏，植田年青氏，椎津幸子氏，川下真氏，井上一幸氏，平山尚文氏，平澤清氏，新居見憲治氏，和田位氏，両瀬賢一氏，髙橋孝治氏，猪狩安広氏，伊藤光男氏，伊藤和宏氏，古屋繁之氏，高橋朗氏，岸川武志氏，三野公司氏，佐藤敏幸氏，中川晃氏，林雅伸氏，稲田康宏氏，藤田政美氏，長島好次郎氏，上代忠氏，吉村和記氏，古屋志朗氏，櫻井真人氏，飛田真一氏，諏訪明彦氏，柴野治彦氏，若松亮太氏，井上拓也氏，阿久津貴史氏，村上慶氏，宮下彰典氏，榑松憲昭氏，川村仁美氏，吉野園子氏，桑山雄志氏（以上，ソフトイングローバル株式会社），羽山雅英氏，井上幸久氏，原澤政臣氏，小河原岳氏（以上，株式会社テレミディック），志塚年純氏，志塚尚己氏，吉田勝氏（以上，峰光電子株式会社），塚本信夫氏（工学博士，有限会社ディーエスピー技研），岡部和夫氏（陸1技，株式会社ケーオーシー），田中敏之氏（有限会社ラジックス），植竹古都美氏（キャットテイル），根日屋尚之氏（有限会社ビア・トレーディング），Bernhard Thiem氏，根日屋順子氏（株式会社アンプレット）に感謝いたします．

謝辞

　本書を執筆するにあたり貴重なご意見をいただきました，阿久津貴史氏，荒川謙一郎氏，荒川泰蔵氏，池邨治夫氏，伊藤嘉記氏，井上賢介氏，井上博氏，井上亮子氏，遠藤聖士氏，岡田量裕氏，岡田邦夫氏，小川大和氏，加藤章氏，加藤喜一氏，金子洋一氏，金弘和美氏，神山堅志郎氏，嘉陽安俊氏，倉本昌夫氏，小磯光信氏，小林明氏，小林巖氏，小林一雄氏，草野利一氏，桑田碩志氏，斉藤雅弘氏，佐々木時男氏，佐竹康雄氏，椎木進二氏，進弘幸氏，杉本賢治氏，鈴鹿和男氏，須之内建史氏，関口時彦氏，田中真氏，塚山隆英氏，寺端一起氏，常盤克美氏，徳見栄一氏，野田隆志氏，能登尚彦氏，廷澤大氏，秦俊夫氏，早川孝一氏，氷室貢二氏，平塚正基氏，廣島孝之氏，増崎寿一氏，宮城孝氏，村上淳氏，望月聡氏，安田昭一氏，山田公男氏，山本憲夫氏（工学博士），横田稔氏，米本成人氏（工学博士），渡辺昌彦氏，鄭吉到氏，朱得均氏，金弼鎬氏，郭又榮氏（工学博士），趙寬氏（工学博士），李廷勲氏，劉龍相氏，Axel Schwab 氏，Christian Pichot de Mezeray 氏（工学博士），Donald L. Runyon 氏，Fred Flakowski 氏，Rainer Ludwig 氏（工学博士），Robert B. Miller 氏，Russell E. Parris 氏，R. Dean Straw 氏，W. Douglas McDowell 氏に感謝いたします．

　付録を執筆するにあたり有益なご助言をいただきました，許熹茂氏，張娟禎氏，金賢学氏（工学博士），金鍾贊氏，金緩基氏，金旺燮氏（工学博士），李昊宣氏，李種桓氏，李宋敏氏，李基完氏（工学博士），李成珉氏，任原奭氏，文相萬氏，徐廷植氏，宋武夏氏，成洛銀氏に感謝いたします．

　本書出版にあたり多大なご尽力を賜りました東京電機大学出版局の植村八潮氏，菊地雅之氏に感謝いたします．

目次

第 1 章 高周波の雑学と基礎知識　　1
- 1.1 電流と磁界と変位電流（電界） 1
- 1.2 電波の定義 3
- 1.3 ベクトル 5
  - 1.3.1 ベクトルの基礎 5
  - 1.3.2 ベクトルの微分演算子 8
  - 1.3.3 ベクトル関数の積分 9
- 1.4 電磁気学の基礎知識 11
  - 1.4.1 エルステッドの実験 12
  - 1.4.2 アンペールの法則 13
  - 1.4.3 ファラデーの電磁誘導の法則 14
  - 1.4.4 ビオ・サバールの法則 16
  - 1.4.5 マクスウェルの方程式 17
- 1.5 波動方程式 18

第 2 章 アンテナのパラメータの定義　　21
- 2.1 デシベル 21
- 2.2 インピーダンス 23
- 2.3 スミスチャート 25
- 2.4 S パラメータ 28
- 2.5 アイソトロピックアンテナ 29
- 2.6 アンテナの絶対利得と相対利得 30

	2.6.1 絶対利得	31
	2.6.1 相対利得	31
2.7	アンテナの有効面積	32
2.8	アンテナの絶対利得と指向性幅の関係	32
2.9	実用アンテナの電気長と利得の関係	33
2.10	VSWR とリターンロス	34
2.11	電界強度	35
2.12	小形アンテナの定義	37
	2.12.1 小形アンテナの分類及び定義	37
	2.12.2 小形アンテナの利得と放射効率	38

第 3 章　アンテナの基本特性の解析　　40

3.1	電界放射型のアンテナ	41
	3.1.1 微小ダイポールアンテナ	41
	3.1.2 ダイポールアンテナの遠方放射電磁界	42
	3.1.3 半波長ダイポールアンテナの遠方放射電磁界	43
3.2	磁界放射型のアンテナ	44
	3.2.1 微小ループアンテナ	44
	3.2.2 円形ループアンテナ	45
3.3	方形パッチアンテナの基本特性	46
	3.3.1 放射パタン	46
	3.3.2 放射効率 η	47
	3.3.3 帯域幅 BW	48
	3.3.4 指向性利得 Gd	48
3.4	電磁界放射型のアンテナ	49
	3.4.1 スパイラルリングアンテナの構成	49
	3.4.2 スパイラルリングアンテナの電流分布	50
	3.4.3 スパイラルリングアンテナの放射指向性	51

| | | 3.4.4 放射抵抗と指向性利得 .... | 53 |

第4章 給電線　54

4.1	平行二線	55
4.2	同軸線路	56
4.3	ストリップ線路	57
	4.3.1 マイクロストリップ線路	57
	4.3.2 平衡型ストリップ線路	57
4.4	導波管	58

第5章 給電方法　61

5.1	平衡と不平衡	61
	5.1.1 平衡給電型	61
	5.1.2 不平衡給電型	62
	5.1.3 バラン	63
5.2	アンテナ長と給電点インピーダンスの関係	70
5.3	インピーダンス整合回路	72
	5.3.1 ガンママッチング方式	73
	5.3.2 オメガマッチング方式	75
	5.3.3 Ｔマッチング方式	76
	5.3.4 ヘアピンマッチング方式	78
	5.3.5 キャパシタンスマッチング方式	79
	5.3.6 Ｑマッチング方式	80
	5.3.7 集中定数回路によるインピーダンス整合回路	80
	5.3.8 インピーダンス変換トランス回路	81

第6章 狭帯域アンテナの設計法　85

| 6.1 | ダイポールアンテナ .... | 85 |

6.2	1波長ループアンテナ	89
6.3	モノポールアンテナ	91
6.4	八木・宇田アンテナ	92
6.5	パッチアンテナ	101

第7章 短縮アンテナ　　109

7.1	接地型短縮アンテナ	109
	7.1.1 キャパシタンス装荷型短縮モノポールアンテナ	110
	7.1.2 インダクタンス装荷型短縮モノポールアンテナ	113
7.2	非接地型短縮アンテナ	117
	7.2.1 スパイラルリングアンテナ	117
	7.2.2 フェライトバーアンテナ	122

第8章 マルチバンドアンテナの設計法　　125

8.1	広帯域アンテナとマルチバンドアンテナの差異	125
8.2	マルチバンドアンテナの事例	126
	8.2.1 アンテナを並列接続するマルチバンド化	126
	8.2.2 高調波アンテナによるマルチバンド化	129
	8.2.3 無給電素子を付加したアンテナのマルチバンド化	129
	8.2.4 可変インダクタンスを利用するマルチバンド化	131
	8.2.5 可変キャパシタンスを利用するマルチバンド化	132
	8.2.6 トラップによるマルチバンド化	133
	8.2.7 アンテナ長を機械的に変化させるマルチバンド化	134
	8.2.8 アンテナチューナを併用したマルチバンド化	135
	8.2.9 マルチバンドアンテナの今後の課題	136

第9章 広帯域アンテナ　　137

9.1	UWBとは	138

9.1.1　DS-UWB方式 139
　　　9.1.2　マルチバンドOFDM方式 140
　9.2　広帯域アンテナの事例 141
　　　9.2.1　無給電素子の付加 141
　　　9.2.2　ディスコーンアンテナ 142
　　　9.2.3　自己補対型アンテナ 143
　　　9.2.4　板状広帯域アンテナ 144
　　　9.2.5　広帯域モノポールアンテナ 144
　　　9.2.6　放射素子の面状化と反共振 145
　　　9.2.7　ホーンアンテナ 147
　9.3　UWB用アンテナでの留意点 148

第10章　電子回路とアンテナの融合　　150

　10.1　アレイアンテナとアレイファクタ 151
　10.2　アレイアンテナと電子回路の融合 152
　10.3　素子アンテナに水平面内無指向性アンテナを用いた場合 154
　10.4　素子アンテナに指向性アンテナを用いた場合 156

第11章　回線設計　　160

第12章　アンテナの測定　　163

　12.1　給電点インピーダンスの測定 163
　12.2　共振周波数の測定 166
　12.3　リターンロスやVSWRの測定 167
　12.4　アンテナの利得 171
　12.5　アンテナの放射指向特性の測定 173
　12.6　アンテナ素子を流れる高周波電流の分布 175

付録　平面アンテナの小型化　　　180

- F.1　プリント基板によるアンテナの小形 180
  - F.1.1　モノポールアンテナ 180
  - F.1.2　2素子八木・宇田アンテナ 183
  - F.1.3　3素子八木・宇田アンテナ 183
  - F.1.4　放射指向特性を切り替えられる八木・宇田アンテナ 184
  - F.1.5　逆F型アンテナ 186
  - F.1.6　反射器付逆F型アンテナ 188
- F.2　多層構造セラミック基板アンテナ 189
- F.3　パッチアンテナの小型化の例 195
  - F.3.1　波型放射素子により小形化した方形パッチアンテナ 195

索引　　　210

第1章
高周波の雑学と基礎知識

本章ではアンテナにまつわる高周波の雑学を中心に，アンテナを語る上で必要なベクトル演算や電磁気学の基礎知識を述べる．

1.1　電流と磁界と変位電流（電界）

図1.1(a)に示すように導線に交流電流を流すと，それは導線がある限り電流として流れていく．しかし，同図(b)のように導線を切断し，平行に向かい合わせた2枚の金属板を切断面に入れた場合，その対向する金属板の間に絶縁体が入っていても，交流電流は途絶えることなく流れる．この現象は直流電流では起こらない．この対向する金属板間の空間や絶縁体を流れる電流を**変位電流**といい，その電流値は金属板に接続された導線に流れる交流電流（**導電流**）の値と等し

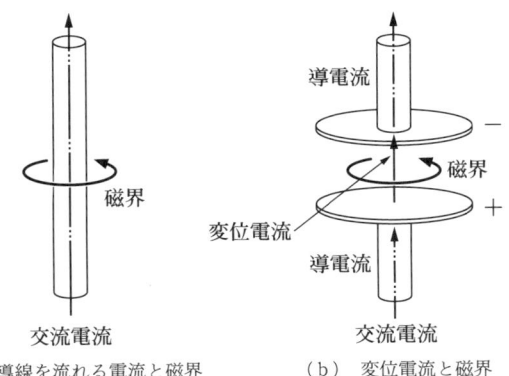

　　　(a)　導線を流れる電流と磁界　　　(b)　変位電流と磁界

図1.1　磁界と変位電流

い．交流電流は導体がないところでも流れる．この特性を利用した部品はコンデンサと呼ばれ，基本的な電子部品として多用されている．

導線に電流を流すと，その導線の周りにはフレミングの右ねじの法則によって定められる方向に磁界が発生する．空間を流れる変位電流も，導線に流れる電流と同様にフレミングの右ねじの法則に従って磁界が発生する．このように，空間を流れる変位電流が導線に流れる電流と同じように磁界を発生させるということが，電波の伝播を説明するときの仮定となっている．

1864年にイギリスの物理学者のマクスウェルは，電界と磁界の二つの方程式でその存在を予測した．また彼は，「磁界の変化によってその周辺にループ状の変位電流が発生し，その電流の向きは磁界の変化を妨げる方向に流れる」というファラデーの法則が，空間を流れる変位電流にもあてはまると唱えた．

図1.2に示すように導線（アンテナ）に電流が流れると，その周辺に磁界が発生する．その磁界は，空間にループ状に流れる変位電流を発生させる．その電流の流れる向きは，磁界を妨げる方向となる．その変位電流は，フレミングの右ねじの法則に従って，周囲に磁界を発生させ，この磁界と変位電流は鎖のように繋がり，押し出されるように進んでいく．アンテナから放射される電波は，この磁界と電界の相互作用により伝播すると考えられている．

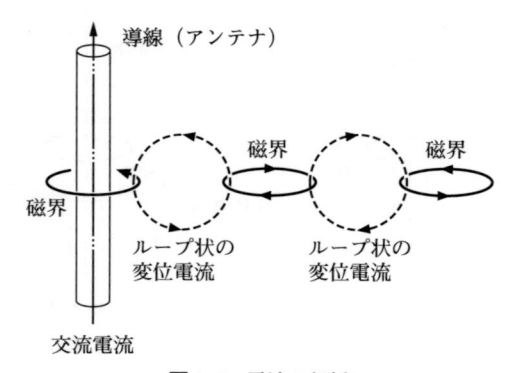

図1.2 電波の伝播

1.2 電波の定義

電波は,「300万MHz以下の周波数の電磁波をいう」と電波法で定義されている.その周波数より高い電磁波には,遠赤外線,赤外線,可視光線,紫外線,X線,ガンマ線がある.

電波を用いた無線通信技術の進歩には目を見張るものがある.現在,「いつでも,どこでも,誰でも,何とでも」通信が可能となる移動通信システムは,自動車,航空機,船舶,列車のみならず,絶えず移動している人間,それに加えてユビキタスネットワーク構想ではあらゆるものにまで無線を介して情報伝送が行われるようになる.

電波は,表1.1に示すように波長ごとに略称や名称がある.表1.2に日本のミリ波の呼称,表1.3にアメリカのミリ波の呼称を示す.ミリ波の呼称については,国ごとや企業ごとに異なっていることもあるので注意が必要である.

表1.1 波長と周波数の呼称

周波数	波長	略称	名称
0.03 Hz〜3 Hz	10,000,000 km〜100,000 km	ULF	
3 Hz〜3 kHz	100,000 km〜100 km	ELF	
3 kHz〜30 kHz	100 km〜10 km	VLF	超長波
30 kHz〜300 kHz	10 km〜1 km	LF	長波
300 kHz〜3 MHz	1 km〜100 m	MF	中波
3 MHz〜30 MHz	100 m〜10 m	HF	短波
30 MHz〜300 MHz	10 m〜1 m	VHF	超短波
300 MHz〜3 GHz	1 m〜10 cm	UHF	極超短波 (マイクロ波)
3 GHz〜30 GHz	10 cm〜1 cm	SHF	
30 GHz〜300 GHz	1 cm〜1 mm	EHF	ミリ波
300 GHz〜3 THz	1 mm〜0.1 mm		サブミリ波

第1章 高周波の雑学と基礎知識

表1.2 日本のミリ波の呼称

呼称	周波数（GHz）
L	1〜2
S	2〜4
C	4〜8
X	8〜12.4
Ku	12.4〜18
K	18〜26.5
Ka	26.5〜40
U	40〜50
V	50〜75
W	75〜110

表1.3 アメリカのミリ波の呼称

呼称	周波数（GHz）	呼称	周波数（GHz）
L	1〜2		
S	2〜4		
C	4〜8		
X	8〜12.4		
Ku	12.4〜18		
K	18〜26.5		
Ka	26.5〜40		
U	40〜60	Q	33〜50
E	60〜90	V	50〜75
F	90〜140	W	75〜110
G	140〜220	P	110〜170

1.3 ベクトル

電磁気学の計算を行うときには，ベクトルを用いると便利である．本節ではベクトルについて説明する．

空間で A を始点，B を終点としたとき，その向きを指定した線分を有向線分という．線分 AB の長さを有向線分 AB の長さ（大きさ）という．有向線分の位置を決めずに，その向きと長さだけを考えた有向線分をベクトルという．図 1.3 に示すように，位置は違うが，向きが同じで長さが等しい有向線分 AB と CD は，同じベクトルとして考える．

有向線分 AB で表されるベクトルを $\overrightarrow{AB}$ と表す．また，ベクトルは一つの文字と矢印を用いて，$\vec{a}$ のようにも表される．二つのベクトル $\vec{a}$ と $\vec{b}$ が等しい（$\vec{a}=\vec{b}$）とき，これは両ベクトルの向きが同じで長さも等しいことを意味する．すなわち，これらの二つのベクトルを平行移動して重ねることができる．

1.3.1 ベクトルの基礎

ベクトルの計算をする上での基礎事項を以下に整理する．ベクトル $\vec{A}$ とベクトル $\vec{B}$ を以下のように定義する．

$$\begin{cases} \vec{A}=(A_x, A_y, A_z) \\ \vec{B}=(B_x, B_y, B_z) \end{cases} \tag{1.1}$$

（1） ベクトルのスカラー倍

図 1.4 の（a）に示すような同じ向きのベクトル $\vec{A}$ と，長さがベクトル $\vec{A}$ の k 倍であるベクトル $\vec{B}$ の関係は，

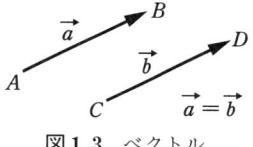

図 1.3 ベクトル

(a) ベクトルの
スカラー倍

(b) ベクトルのスカラー積（内積）
$\vec{A}\cdot\vec{B}=AB\cos\theta$

(c) ベクトルのベクトル積（外積）
$\vec{C}=\vec{A}\times\vec{B}$
$|\vec{A}\times\vec{B}|=|A||B|\sin\theta$

図1.4 ベクトルの基礎

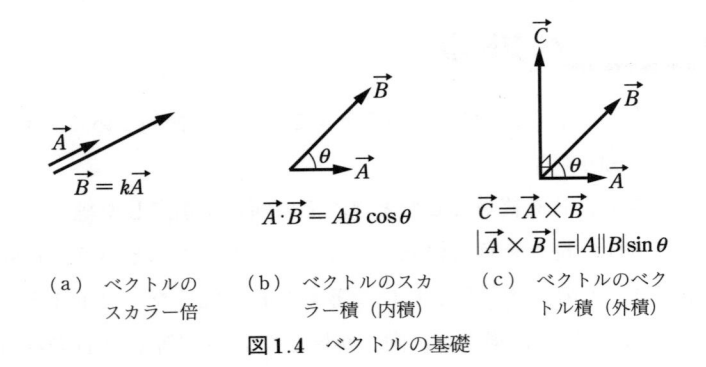

$$\begin{cases} \vec{B}=k\vec{A} \\ (B_x, B_y, B_z)=(kA_x, kA_y, kA_z) \end{cases} \tag{1.2}$$

となる．

(2) ベクトルの内積

図1.4の(b)に示すベクトル $\vec{A}$ と，ベクトル $\vec{A}$ と角度 θ 方向にあるベクトル $\vec{B}$ のスカラー積を内積と呼び，

$$\vec{A}\cdot\vec{B}=A_xB_x+A_yB_y+A_zB_z=AB\cos\theta \tag{1.3}$$

と定義する．ベクトル $\vec{A}$ とベクトル $\vec{B}$ が直交している（$\theta=90°$）ときは，

$$\vec{A}\cdot\vec{B}=AB\cos(90°)=0 \tag{1.4}$$

となる．

(3) ベクトルの外積

図1.4の(c)に示すベクトル $\vec{A}$ と，ベクトル $\vec{B}$ のベクトル積を外積と呼び，$\vec{C}=\vec{A}\times\vec{B}$ と記し，ベクトル $\vec{C}$ を以下のように定義する．

$$\begin{cases} C_x=A_yB_z-A_zB_y \\ C_y=A_zB_x-A_xB_z \\ C_z=A_xB_y-A_yB_x \end{cases} \tag{1.5}$$

この式において，ベクトル $\vec{A}$ とベクトル $\vec{B}$ を入れ替えると符号が反転するので，

$$\vec{A}\times\vec{B}=-\vec{B}\times\vec{A} \tag{1.6}$$

となる．また，同じベクトルの外積は 0 となる．
$$\vec{A} \times \vec{A} = 0 \tag{1.7}$$
ベクトル $\vec{A}$ とベクトル $\vec{C}$ との内積は，
$$\begin{aligned}
\vec{A} \cdot \vec{C} &= \vec{A} \cdot (\vec{A} \times \vec{B}) \\
&= A_x(A_yB_z - A_zB_y) + A_y(A_zB_x - A_xB_z) + A_z(A_xB_y - A_yB_x) \\
&= A_xA_yB_z - A_xA_zB_y + A_yA_zB_x - A_yA_xB_z + A_zA_xB_y - A_zA_yB_x \\
&= 0
\end{aligned} \tag{1.8}$$
より，ベクトル $\vec{A}$ とベクトル $\vec{C}$ は垂直である．同様に，ベクトル $\vec{B}$ とベクトル $\vec{C}$ も垂直である．

次にベクトル $\vec{C}$ の絶対値を 2 乗すると，
$$\begin{aligned}
|\vec{C}|^2 &= |\vec{A} \times \vec{B}|^2 = (A_yB_z - A_zB_y)^2 + (A_zB_x - A_xB_z)^2 + (A_xB_y - A_yB_x)^2 \\
&= (A_x^2 + A_y^2 + A_z^2)(B_x^2 + B_y^2 + B_z^2) - (A_xB_x + A_yB_y + A_zB_z)^2 \\
&= |\vec{A}|^2|\vec{B}|^2(1 - \cos\theta)^2 = |\vec{A}|^2|\vec{B}|^2\sin^2\theta
\end{aligned}$$
となることから，
$$|\vec{C}| = |\vec{A} \times \vec{B}| = |\vec{A}||\vec{B}|\sin\theta \tag{1.9}$$

以上の計算から，ベクトルの外積 $\vec{C} = \vec{A} \times \vec{B}$ とは，長さが $|\vec{A}||\vec{B}|\sin\theta$ で，ベクトル $\vec{C}$ はベクトル $\vec{A}$ とベクトル $\vec{B}$ の作る面に垂直なベクトルである．これは，ベクトル $\vec{A}$ からベクトル $\vec{B}$ へ右ネジを回したときにネジが進む方向がベクトル $\vec{C}$ となる．

（4） ベクトル公式

ベクトルの内積，外積の公式を以下にまとめる．
$$\begin{cases}
\vec{A} \cdot (\vec{B} \times \vec{C}) = \vec{B} \cdot (\vec{C} \times \vec{A}) = \vec{C} \cdot (\vec{A} \times \vec{B}) \\
\vec{A} \times (\vec{B} \times \vec{C}) = (\vec{A} \cdot \vec{C})\vec{B} - (\vec{A} \cdot \vec{B})\vec{C} \\
\vec{A} \times (\vec{B} \times \vec{C}) + \vec{B} \times (\vec{C} \times \vec{A}) + \vec{C} \times (\vec{A} \times \vec{B}) = 0 \\
(\vec{A} \times \vec{B})(\vec{C} \times \vec{D}) = (\vec{A} \cdot \vec{C}) \cdot (\vec{B} \cdot \vec{D}) - (\vec{A} \cdot \vec{D}) \cdot (\vec{B} \cdot \vec{C})
\end{cases} \tag{1.10}$$

1.3.2　ベクトルの微分演算子

(1) grad (勾配) 演算子

grad (勾配, gradient) 演算子は式(1.11)のように定義する．

$$\nabla = \left(\vec{i}\frac{\partial}{\partial x} + \vec{j}\frac{\partial}{\partial y} + \vec{k}\frac{\partial}{\partial z} \right) \tag{1.11}$$

「∇」はナブラと読み，ナブラ演算子はスカラー関数からベクトル関数を作る偏微分演算子である．

$$\begin{aligned}\nabla \phi(x, y, z) &= \left(\vec{i}\frac{\partial}{\partial x} + \vec{j}\frac{\partial}{\partial y} + \vec{k}\frac{\partial}{\partial z} \right)\phi(x, y, z) \\ &= \vec{i}\frac{\partial \phi}{\partial x} + \vec{j}\frac{\partial \phi}{\partial y} + \vec{k}\frac{\partial \phi}{\partial z}\end{aligned} \tag{1.12}$$

これは，スカラー場からその勾配に等しいベクトル場を作る演算子である．$\nabla \phi = \mathrm{grad}\,\phi$ と記す．

grad (勾配) 演算子の公式を以下にまとめる．式中の ϕ，φ，u，v は x，y，z の関数，$\vec{r}$ は，長さ r の位置ベクトルで，$\vec{r} = \vec{i}x + \vec{j}y + \vec{k}z$，$\vec{r}_0$ を $\vec{r}$ 方向の単位位置ベクトルとする．

$$\begin{cases}\nabla(\phi+\varphi) = \nabla\phi + \nabla\varphi \\ \nabla(\phi\varphi) = \varphi\nabla\phi + \phi\nabla\varphi \\ \nabla\left(\dfrac{1}{r}\right) = -\dfrac{r\vec{r}_0}{r^3} = -\dfrac{\vec{r}_0}{r^2} \\ \nabla f(u, v) = \dfrac{\partial f}{\partial u}\nabla u + \dfrac{\partial f}{\partial v}\nabla v \\ \nabla\cdot(\phi\vec{A}) = \phi\nabla\cdot\vec{A} + \vec{A}\cdot\nabla\phi \\ \nabla\times(\phi\vec{A}) = \phi\nabla\times\vec{A} + \nabla\phi\times\vec{A} \\ \nabla\times\nabla\phi = 0 \\ \nabla\cdot\nabla\times\vec{A} = 0 \\ \nabla\times\nabla\times\vec{A} = \nabla(\nabla\cdot\vec{A}) - \nabla^2\vec{A} \\ \nabla(\vec{A}\cdot\vec{B}) = (\vec{A}\cdot\nabla)\vec{B} + (\vec{B}\cdot\nabla)\vec{A} + \vec{A}\times(\nabla\times\vec{B}) + \vec{B}\times(\nabla\times\vec{A}) \\ \nabla\cdot(\vec{A}\times\vec{B}) = \vec{B}\cdot\nabla\times\vec{A} - \vec{A}\cdot\nabla\times\vec{B} \\ \nabla\times(\vec{A}\times\vec{B}) = \vec{A}(\nabla\cdot\vec{B}) - \vec{B}(\nabla\cdot\vec{A}) + (\vec{B}\cdot\nabla)\vec{A} - (\vec{A}\cdot\nabla)\vec{B}\end{cases} \tag{1.13}$$

（2） div（発散）演算子

ベクトル $\vec{A}$ とナブラ演算子の内積は，新たなスカラー場を生み出す．これをベクトル $\vec{A}$ の発散（divergent）と呼び，

$$\mathrm{div}\vec{A}=\nabla\cdot\vec{A}=\frac{\partial A_x}{\partial x}+\frac{\partial A_y}{\partial y}+\frac{\partial A_z}{\partial z} \tag{1.14}$$

と記す．

（3） rot（回転）演算子

ベクトル $\vec{A}$ とナブラ演算子の外積は，新たなベクトル場を生み出す．これをベクトル $\vec{A}$ の回転（rotation）と呼び，以下の式となる．

$$\mathrm{rot}\vec{A}=\nabla\times\vec{A}$$
$$=\left(\frac{\partial A_z}{\partial y}-\frac{\partial A_y}{\partial z}\right)\vec{i}+\left(\frac{\partial A_x}{\partial z}-\frac{\partial A_z}{\partial x}\right)\vec{j}+\left(\frac{\partial A_y}{\partial x}-\frac{\partial A_x}{\partial y}\right)\vec{k} \tag{1.15}$$

（4） ラプラスの演算子

スカラー場に grad 演算子を作用させて生み出されたベクトル場の発散（div）は，再びスカラー場を作る．

$$\mathrm{div}(\mathrm{grad}\,\phi)=\nabla\cdot\nabla\phi=\frac{\partial^2\phi}{\partial x^2}+\frac{\partial^2\phi}{\partial y^2}+\frac{\partial^2\phi}{\partial z^2} \tag{1.16}$$

ここで，2回の偏微分をするという演算子を「Δ」と書き，ラプラスの演算子という．ラプラスの演算子は以下の式となる．

$$\Delta=\nabla^2=\frac{\partial^2}{\partial x^2}+\frac{\partial^2}{\partial y^2}+\frac{\partial^2}{\partial z^2} \tag{1.17}$$

1.3.3　ベクトル関数の積分

（1） 線積分

線積分の定義は，図1.5に示すベクトル場 $\vec{v}$ の曲線C上の点 r における $\vec{v}$ の接線成分を曲線Cに沿って積分したものとする．接線方向の単位位置ベクトルを $\vec{t}$ とすると，$\vec{v}$ と $\vec{t}$ は共に位置ベクトル $\vec{r}$ の関数である．線積分は次式で表される．

$$I=\int_C \vec{v}\cdot\vec{t}\,ds=\int_C \vec{v}\cdot d\vec{s} \tag{1.18}$$

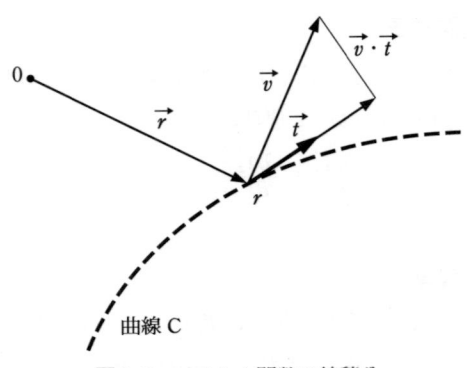

図1.5 ベクトル関数の線積分

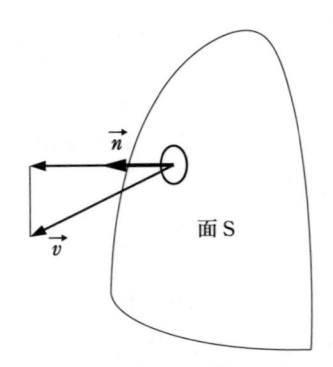

図1.6 ベクトル関数の面積分

閉曲線Cに沿って一巡した線積分は，次の周回積分式で表される．

$$R = \oint_C \vec{v} \cdot \vec{t}\, ds = \oint_C \vec{v} \cdot d\vec{s} \tag{1.19}$$

（2）面積分

面積分は，ベクトル場 $\vec{v}$ の曲面要素 dS の法線方向を積分すると定義する．図1.6に示すように，法線方向の単位法線ベクトルを $\vec{n}$ とする．$\vec{v}$ と $\vec{n}$ は共に位置ベクトル $\vec{r}$ の関数である．

$$F = \int_S \vec{v} \cdot \vec{n}\, dS = \int_S \vec{v} \cdot d\vec{S} \tag{1.20}$$

（3） 体積積分

スカラー場の体積積分は，

$$\int_V \vec{v} dV = \iiint v(x, y, z) dxdydz \tag{1.21}$$

ベクトル場 $\vec{v}$ の体積積分は，その関数の成分を (v_1, v_2, v_3) とすると，

$$\int_V \vec{v} dV = \vec{i} \int v_1 dV + \vec{j} \int v_2 dV + \vec{k} \int v_3 dV \tag{1.22}$$

で表される．

（4） ベクトルの積分公式

ベクトルの積分公式を以下にまとめる．

$$\begin{cases} \int_v \nabla \phi dv = \int_S \phi d\vec{S} \\ \int_v \nabla \cdot \vec{A} dv = \int_S \vec{A} \cdot d\vec{S} \quad （ガウスの発散定理） \\ \int_v \nabla \times \vec{A} dv = -\int_S \vec{A} \times d\vec{S} \\ \int_S \nabla \phi d\vec{S} = -\oint_C \phi d\vec{s} \\ \int_S \nabla \times \vec{A} \cdot d\vec{S} = \oint_C \vec{A} \cdot d\vec{s} \quad （ストークスの定理） \end{cases} \tag{1.22}$$

ガウスの発散定理：閉曲面によって囲まれた体積を微小化し，そこから発散する線の束をその閉曲面全体の体積で総和したものは，閉曲面を横切って外部に発散する線の束の量に等しい．

ストークスの定理：線積分と面積分の変換公式

1.4　電磁気学の基礎知識

本節では，電磁界を解析する上での基本的な数式を説明する．数式に出てくる電磁気諸量，記号，単位などを表1.4に示す．また，図中に示される磁流や電流の向きは，その見る方向から図1.7のような記号で示す．

表1.4 電磁気諸量・記号・単位

量	記号	参考値	単位
電圧	V		V
電界強度	$\vec{E}$		V/m
電束密度	$\vec{D}$		C/m²
電流	I		A
電流密度	$\vec{J}$		A/m²
磁界強度	$\vec{H}$		A/m
誘磁界（磁束密度）	$\vec{B}$		Wb/m²
誘電率	ε		無名数
真空中の誘電率	ε_0	8.854×10^{-12}	F/m
透磁率	μ		無名数
真空中の透磁率	μ_0	1.257×10^{-6}	H/m
光速	c	2.998×10^8	m/秒
力	$\vec{F}$		N
電荷	Q		C
電荷密度	ρ		C/m³
固有インピーダンス	Z_0	$120\pi = 376.7$	Ω

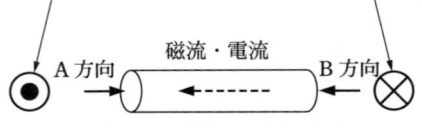

図1.7 磁流・電流の向きの記号

（電流や磁流の流れの方向をA方向から見ていることを示す．）
（電流や磁流の流れの方向をB方向から見ていることを示す．）

A方向　磁流・電流　B方向

1.4.1　エルステッドの実験

　電気と磁気の相互作用を最初に確認した**エルステッド**（Hans Christian Ørsted, 1777-1851）は，ドイツの薬剤師の家庭に生まれ，コペンハーゲン大学に進んだ．1820年，教室で電流の加熱作用についてのデモンストレーション

1.4 電磁気学の基礎知識

図1.8 エルステッドの実験

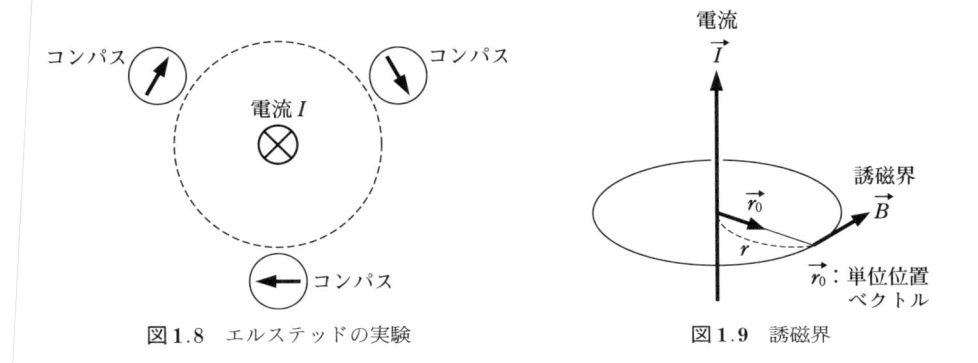

図1.9 誘磁界

（エルステッドの実験）をしていたときに，実験装置の銅線に電流を通したときだけ，近くに置いてあったコンパスの針が図1.8のように動く**電流の磁気作用**を発見した．この電気と磁気の相互作用を最初に確認したことは，かなりインパクトの強いニュースで，これに刺激されて電気の研究を始めたのがアンペールやファラデーである．エルステッドは本職としての流体の研究でも，1825年に**純粋なアルミニウムの分離**に成功している．

エルステッドの実験から，図1.9に示すように，電流の周りには他の電流に作用する誘磁界（磁束密度）があると考えられる．$\vec{r}_0$ を単位位置ベクトル，$\vec{I}$ を電流ベクトルとすると，誘磁界のベクトル表示式は式(1.21)のように表される．

$$\vec{B} = \frac{\mu_0}{2\pi r} \cdot \vec{I} \times \vec{r}_0 \tag{1.21}$$

1.4.2　アンペールの法則

アンペール（André-Marie Ampère, 1775-1836）は，フランスのリヨンで裕富な商人の子として生まれた．少年期をフランス革命の真只中で過ごし，学校には通わず，12才までにはほとんど独学で，当時知られていたすべての数学を学んだと言われている．理工科系大学の数学教授を務めていた1820年，アンペールは，パリの科学アカデミーでコペンハーゲン大学の物理学教授であったエルステッドが，電流の流れている導線を磁針に近づけると磁針がふれる**磁気と電気と**

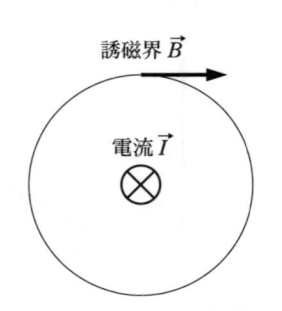

図1.10　アンペールの右ねじの法則 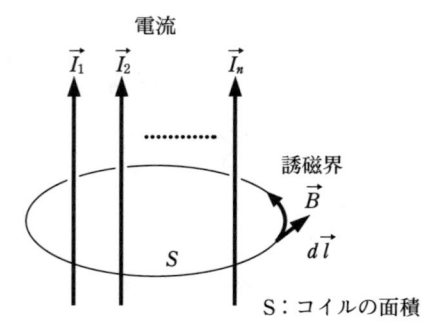　　図1.11　アンペールの周回積分の法則

の相互作用を発見したことを知り，電流と磁束密度の関係を数式化した．これは図1.10に示すように，電流が流れている周囲には右ねじの方向に誘磁界が生ずる．これを**アンペールの右ねじの法則**という．図1.11に示すような，一つの閉曲面Sを貫く電流によって生ずる方向への誘磁界は，この右ねじの法則に従い，その大きさは式(1.22)で与えられる．

$$\oint_s \frac{\vec{B}}{\mu_0} \cdot d\vec{l} = \sum \vec{I} \tag{1.22}$$

この式は**アンペールの周回積分の法則**と呼ばれている．ここで，誘磁界$\vec{B}$と真空中での磁界$\vec{H}$は，

$$\vec{H} = \frac{\vec{B}}{\mu_0} \tag{1.23}$$

の関係があるので，式(1.22)は次のように表すこともできる．

$$\oint_s \frac{\vec{B}}{\mu_0} \cdot d\vec{l} = \oint_s \vec{H} \cdot d\vec{l} = \sum \vec{I} \tag{1.24}$$

この電流の磁気作用を数式化したアンペールの研究業績を称え，電流の強さを測る単位を**アンペア**（**Ampere**）としている．

1.4.3　ファラデーの電磁誘導の法則

ファラデー（Michael Faraday，1791-1867）はイギリスの科学者である．貧しい鍛冶屋職人の息子で，13歳から製本工場で見習いとして働き，そこでの7

年間で科学の勉強を独学で行った．ファラデーはイギリスの王立科学研究所のデイビー卿（Sir Humphry Davy, 1778-1829）に作成したノートを送り，それを読んだデイビー卿はファラデーを王立科学研究所の実験主任として招き入れたが，イギリスの階級社会ではファラデーへの貧富の差に対する風当たりはかなり強かったようである．

ファラデーは，「電気から磁気が生まれるならば，その逆に磁気から電気が生まれないか？」と考え，彼は独自に実験を行った．電流の磁気作用が発見されてから11年後の1831年，中空の円筒に導線を巻いたコイルの中に棒磁石を入れたり出したりすると，その度にコイルに電流が流れることを確認した．これが有名な**電磁誘導の原理**である．この原理によって発電機や変圧器が発明され，現在の電力時代が始まった．彼の業績が評価され，ファラデーは静電容量の単位**ファラッド**（**Farad**）や，物理定数**ファラデー定数**にその名を残している．

図1.12に示すようなn回巻きのコイルに電磁誘導によって発生する起電力は，そのコイルを貫く磁束の時間的変化の減少する割合に比例する．これを式(1.25)として表した．

$$V = -\frac{dn\phi}{dt} \tag{1.25}$$

起電力Vは，図1.13に示すl方向の電界$\vec{E}$を周囲Cに沿って積分すると求

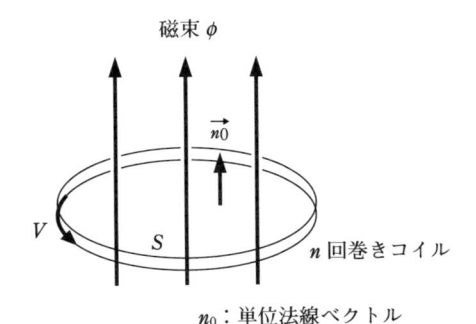

図1.12　磁束ϕと起電力Vの関係　　　図1.13　起電力Vと電界$\vec{E}$の関係

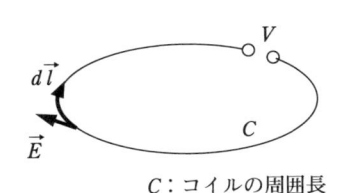

められるので，

$$V = \int_C \vec{E} \cdot d\vec{l} \tag{1.26}$$

となる．

　誘磁界 $\vec{B}$ は磁束密度のことであり，これは単位面積あたりの磁束の数となる．磁束 ϕ は，コイル面を垂直に貫通する誘磁界を面積分すると得られるので，

$$\phi = \int_S \vec{B} \cdot \vec{n}_0 dS = \int_S \vec{B} \cdot d\vec{S} \tag{1.27}$$

より計算できる．

　式(1.25)～式(1.27)より，**ファラデーの電磁誘導の法則**は，巻き数 $n=1$，$\vec{n}_0$ を単位法線ベクトルとするとき，式(1.28)の積分方程式で表すことができる．

$$\oint_C \vec{E} \cdot d\vec{l} = -\frac{d}{dt} \int_S \vec{B} \cdot \vec{n}_0 dS = -\frac{d}{dt} \int_S \vec{B} \cdot d\vec{S} \tag{1.28}$$

1.4.4　ビオ・サバールの法則

　アンペールやファラデー同様に，電流が磁界を発生することを耳にした**ビオ**（Jean-Baptiste Biot, 1774-1862）と**サバール**（Félix Savart, 1791-1841）は，1820年，直線の導線から等距離にできる円に沿った磁界の強さを，その周りに置いた小さな磁石で測定した．その結果，電流が流れるときに周囲に誘起される誘磁界は電流に比例し，導線からの距離の2乗に反比例するという**ビオ・サバー**

$\vec{r}_0$：単位位置ベクトル
$d\vec{B}$：微小誘磁界
dl：微小辺

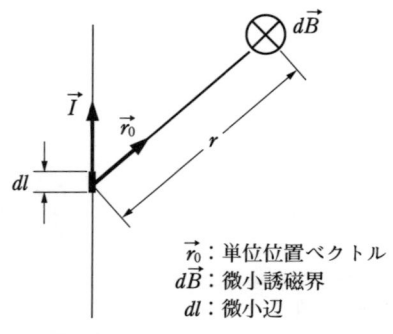

図 1.14　ビオ・サバールの法則

ルの法則を発見した．図1.14に示すように，微小dl（線素）に電流$\vec{I}$が流れると，その微小辺dlから距離rの地点に誘起される微小誘磁界$d\vec{B}$は，式(1.29)のような微分方程式として表現できる．

$$d\vec{B} = \frac{\mu_0 \vec{I} \times r\vec{r_0}}{4\pi r^3}dl = \frac{\mu_0 \vec{I} \times \vec{r_0}}{4\pi r^2}dl \tag{1.29}$$

1.4.5　マクスウェルの方程式

電波といって真っ先に思い浮かぶ人物は**マクスウェル**（James Clerk Maxwell，1831-1879）である．マクスウェルはスコットランドの物理学者である．エジンバラの名家の一人息子として生まれ，早くから数学の能力を現わし，15歳のときに楕円の描き方についての独創的研究をエジンバラ王立協会に提出した．しかし，当時はまだ年が若すぎたために，少年にこのような論文が書けるはずがないと否定されてしまった．マクスウェルは，ファラデーによる電磁場理論を基に流体力学との類推を定式化（数学的に記述する研究）して，その成果を1862年に**物理学的力線について**として報告している．1864年には，電気と磁気を統一的に表す一連の方程式を導き，**電磁場の動力学的理論**を確立した．さらにこのとき，変位電流の考え方を導入して電磁波の存在を理論的に予言し，その方程式から電磁波の伝播する速度が光の速度に等しいことを証明して，光は電磁波の一種であることを理論的に結論づけた．

1871年にケンブリッジ大学教授に就任してからは，これまでの成果をまとめて，1873年に**電気磁気論**として刊行して，電磁気学の包括的な理論である**マクスウェルの方程式**を完成させた．しかし，当時は彼の方程式を理解できる人も少なく，注目されることはなかった．マクスウェルの方程式は彼の死後，1888年にドイツの物理学者**ヘルツ**（Heinrich Rudolf Hertz，1857-1894）によって電磁波の存在が実験的に証明されると，注目を集めることになった．

マクスウェルの方程式は，電磁界のふるまいやアンテナの諸問題を解析する原点の方程式といえる．マクスウェルの方程式を以下に示す．以下の式は，マクスウェルが彼の論文**電磁場の動力学的理論**で記した式とは異なり，後にヘルツが電

磁ポテンシャルを削除したもので，これが現在では式(1.30)に示すマクスウェルの方程式とされている．

$$\begin{cases} \nabla \times \vec{H} = \vec{J} + \dfrac{\partial \vec{D}}{\partial t} & \cdots ① \\ \nabla \times \vec{E} = -\dfrac{\partial \vec{B}}{\partial t} & \cdots ② \\ \nabla \cdot \vec{D} = \rho & \cdots ③ \\ \nabla \cdot \vec{B} = 0 & \cdots ④ \end{cases} \quad (1.30)$$

ここで，$\vec{H}$ は磁界強度，$\vec{J}$ は電流密度，$\vec{D}$ は電束密度，$\vec{E}$ は電界強度，$\vec{B}$ は磁束密度，ρ は電荷密度を示す．各式を説明すると，

① マクスウェルによって導入された変位電流（$\partial \vec{D}/\partial t$）を含んだ，**アンペールの法則**の微分形である．電流と時間変化する電束密度は，これと直交する面内に右ねじ方向に磁界の渦を発生することを示している．

② ファラデーの**電磁誘導の法則**の微分形で，**ファラデー・マクスウェルの式**とも呼ばれる．時間変化する磁束密度は，これと直交する面内に左ねじ方向に電界の渦を発生することを示している．

③ **ガウス・マクスウェルの式**とも呼ばれ，電荷密度から電束が常に発散していることを示している．式①の補助的な方程式である．

④ **磁束保存の式**とも呼ばれ，磁場には源がないことを表している．式②の補助的な方程式である．

1.5　波動方程式

電波は**波動量**という物理量で表現できる．電波では，その上下方向の変位である電場と磁場がそれぞれ波動量になる．この波は，図1.15に示すように，波動量 u と時間 t の関数になる．

$t=0$ のときの波動量 u は，以下の式で表される．

$$u(0, t) = C \sin \phi = C \sin\left(\frac{2\pi t}{T}\right) \quad (1.31)$$

ここで，C を**振幅**，ϕ を**位相**という．位相の単位に rad を用いると，三角関数は周期関数（周期＝T）なので，位相が 2π 変化すれば u は元の値に戻る．

1秒間に振動する回数を**周波数**という．周波数を f とすると，f と T の間には，

$$f = \frac{1}{T} \text{ [Hz]} \tag{1.32}$$

の関係がある．周波数の単位には**ヘルツ〔Hz〕**を用いる．

電波の伝播速度を c とすると，原点から x 点までに到達する時間は x/c となる．したがって，時刻 t における u の値は，t に比べて x/c だけ前の時刻の原点での u の値となる．一般に，時刻 t で原点から x の距離における u の値は，

$$u(x, t) = u\left(0, t - \frac{x}{c}\right) = C \sin\left\{\left(\frac{2\pi}{T}\right)\left(t - \frac{x}{c}\right)\right\}$$
$$= C \sin\left\{2\pi\left(\frac{t}{T} - \frac{x}{\lambda}\right)\right\} = C \sin(\omega t - kx) \tag{1.33}$$

で求められる．ここで，ω は**角周波数**とよばれ，

$$\omega = \frac{2\pi}{T} = 2\pi f \tag{1.34}$$

で表される．単位は rad/秒である．ここで，k は波数と呼ばれ，

$$k = \frac{2\pi}{\lambda} \tag{1.35}$$

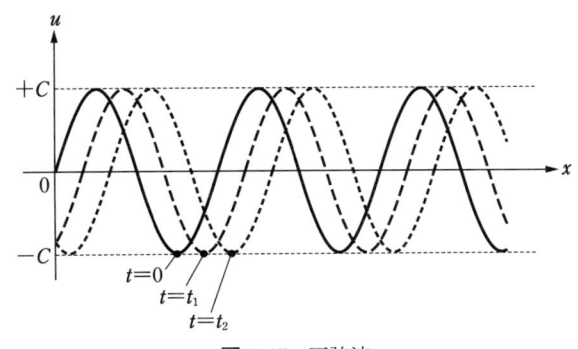

図 1.15 正弦波

で表される．単位は rad/m である．λ は真空中における 1 波長の長さを表す．電波の速度は光速（3×10^8 m/秒）と等しいので，単位を m とすると，λ は以下の式で求められる．

$$\lambda=\frac{c}{f}=\frac{3\times10^8}{f} \tag{1.36}$$

図 1.15 において，$t=0$，$t=t_1$，$t=t_2$ の方向に伝わる波を**進行波**という．

進行波：$u(x,t)=C\sin(\omega t-kx)$ (1.37)

x 軸上を進行波と逆方向（負の方向）に伝わる波を**反射波**といい，k を $-k$ に置き換えて，以下の式で表す．

反射波：$u(x,t)=C\sin(\omega t+kx)$ (1.38)

$u(x,t)$ は，x と t の 2 変数の関数である．その片方の変数で微分することを**偏微分**という．このとき，微分しない変数は定数とみなしてよい．

式(1.37)を t で偏微分すると，ある点における u の速度が求まる．

$$\frac{\partial u}{\partial t}=\omega C\cos(\omega t-kx) \tag{1.39}$$

式(1.39)を t で偏微分すると，u の加速度が求まる．

$$\frac{\partial^2 u}{\partial t^2}=-\omega^2 C\sin(\omega t-kx) \tag{1.40}$$

一方，u を x で 2 回偏微分すると

$$\frac{\partial^2 u}{\partial x^2}=-k^2 C\sin(\omega t-kx) \tag{1.41}$$

となる．式(1.35)から

$$k=\frac{2\pi}{\lambda}=\frac{2\pi f}{c}=\frac{\omega}{c} \tag{1.42}$$

を得られるので，$\omega=ck$ の関係が成り立つ．この関係を式(1.41)と式(1.42)に導入すると，

$$\frac{\partial^2 u}{\partial t^2}=c^2\frac{\partial^2 u}{\partial x^2} \tag{1.43}$$

の方程式が得られる．この方程式を**波動方程式**という．この方程式の解は，式(1.37)（進行波）と式(1.38)（反射波）となる．

第2章
アンテナのパラメータの定義

本章ではアンテナの電気的特性を理解するための基礎知識とアンテナの能力を判定するパラメータの定義を示す.

2.1　デシベル

本節では，**デシベル**（**dB**）とは何かを説明する．デシベルとは二つの電力の「**比率**」である．それはあくまでも**比率**であって，**単位**ではないということを念頭においてもらいたい．

まず，デシベルを説明する前に，**ベル**(**B**)とは何であるかを説明する．ベルとは二つの電力の比が大きいときに，桁数が多くならないように対数（常用対数）で表した倍率である．なぜ倍率を対数で表したかというと，電子回路ではしばしば複数の回路をカスケード接続していく．このときのトータルの利得は，各回路の利得（倍率）を乗算するよりも，倍率を対数で表して加算する方が簡単に計算できるからである．**ベル**は，電話の発明者の**ベル**（Alexander Graham Bell, 1847-1922）から名付けられたといわれている．ここで，二つの電力を P_1 と P_2 とすると，ベルは以下の式で表される．

$$B = \log(電力比) = \log\left(\frac{P_2}{P_1}\right) \tag{2.1}$$

しかし，ベルで真数の1桁の倍率を表現すると，それは対数であるために小数点以下の表記となり，計算が面倒になる．そこで，このベルの10分の1を基準として，真数1桁の比率を対数表現でも同じ1桁として表せるようにしたものが

デシベルである．**デシ**（deci）とは，10分の1を表す接頭辞である．

二つの電力を P_1 と P_2 とし，その倍率をデシベルで表すと，

$$\mathrm{dB} = 10\log(\text{電力比}) = 10\log\left(\frac{P_2}{P_1}\right) \tag{2.2}$$

となる．この電力の比率は，しばしば電圧や電流からも算出される．

図2.1に示す増幅器を例にして，デシベルを考えてみる．抵抗 R_1 の両端に V_1 の電圧が生じたときの増幅器への入力電力を P_1，抵抗 R_2 の両端に V_2 の電圧が生じたときの増幅器からの出力電力を P_2 とする．式(2.2)より，その P_1 と P_2 の電力比を各々の抵抗両端の発生電圧で表すと，

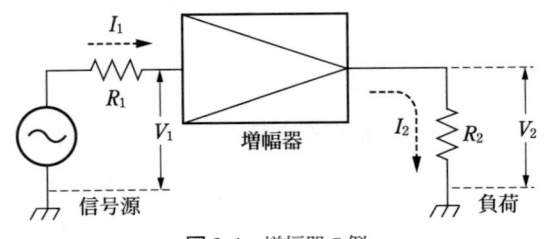

$$\mathrm{dB} = 10\log(\text{電力比}) = 10\log\left(\frac{P_2}{P_1}\right) = 10\log\left\{\frac{\left(\frac{V_2^2}{R_2}\right)}{\left(\frac{V_1^2}{R_1}\right)}\right\} \tag{2.3}$$

となる．ここで，R_1 と R_2 が等しいときには，

$$\mathrm{dB} = 10\log(\text{電力比}) = 10\log\left(\frac{V_2^2}{V_1^2}\right)$$
$$= 10\log\left(\frac{V_2}{V_1}\right)^2 = 20\log\left(\frac{V_2}{V_1}\right) \tag{2.4}$$

となる．各々の抵抗に流れる電流についても，同様にデシベルを計算できる．抵抗 R_1 に I_1 の電流が流れたときの電力を P_1，抵抗 R_2 に I_2 の電流が流れたときの電力を P_2 とすると，式(2.2)は，

$$\mathrm{dB} = 10\log\left(\frac{P_2}{P_1}\right) = 10\log\left(\frac{R_2 I_2^2}{R_1 I_1^2}\right) \tag{2.5}$$

となる．R_1 と R_2 が等しいとき，

図2.1 増幅器の例

$$\mathrm{dB} = 10\,\log\left(\frac{P_2}{P_1}\right) = 10\,\log\left(\frac{I_2^2}{I_1^2}\right)$$
$$= 10\,\log\left(\frac{I_2}{I_1}\right)^2 = 20\,\log\left(\frac{I_2}{I_1}\right) \tag{2.6}$$

これらはよく知られた式であるが，電圧と電流でデシベルを表すときの式(2.4)と式(2.6)の結果を得るには，増幅器の**入力インピーダンス R_1 と出力インピーダンス R_2 が等しいとき**という条件がつく．入力インピーダンス R_1 と出力インピーダンス R_2 が等しくないときは，式(2.3)と式(2.5)を用いる．

デシベルは**比率**であって**単位**ではないと述べた．単位として用いるときは，何を基準にしてその何倍になっているかを，dB の後に記号を付加して表す．よく用いられる例を以下に挙げる．

* dBm：1 mW を基準とし * dB 倍の電力表示
* dBW：1 W を基準とし * dB 倍の電力表示
* dBμ：1 μV を基準とし * dB 倍の電圧表示
* dBμ/m：1 μV/m を基準とし * dB 倍の電界強度の表示
* dBi：アイソトロピックアンテナを基準とした * dB 倍のアンテナの絶対利得表示
* dBd：ダイポールアンテナを基準とした * dB 倍のアンテナの相対利得表示

例えば，3 dBm というと，1 mW の 3 dB 倍（2 倍）である 2 mW を意味する．

2.2 インピーダンス

すべての電子回路は図 2.2 に示すように，**抵抗**（抵抗値：R）と**コイル**（インダクタンス：L），又は**抵抗**と**コンデンサ**（キャパシタンス：C）の**直列回路**で表すことができる．これを，**インピーダンス**で表現するという．インピーダンス Z は，ω を角周波数とすると，

$$Z = R + j\left(\omega L - \frac{1}{\omega C}\right) = R + jX \tag{2.7}$$

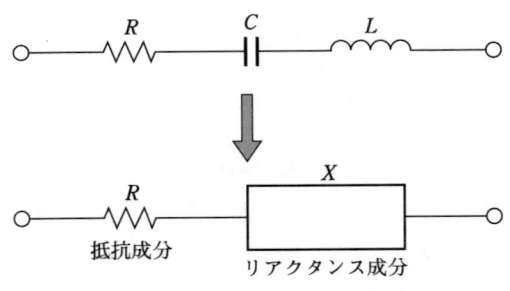

図 2.2 インピーダンスの概念

という式で表すことができる．ここで，R を**抵抗成分**，j を虚数単位（$j^2=-1$），X を**リアクタンス成分**という．抵抗成分はエネルギーに対して有効なもので，リアクタンス成分はエネルギーに対して無効（損失となる）なものである．単位は，抵抗，リアクタンスともに**オーム**〔Ω〕を用いる．

抵抗 R は実数，$+jX$ は誘導性リアクタンス，$-jX$ は容量性リアクタンスとなり，虚数で表す．

交流電圧を抵抗に加えると，電流と電圧の位相は同じである．抵抗値を R とすると，そこに流れる電流は，抵抗の両端にかかっている電圧を R で割った値となる．

交流電圧をコイルに加えると，電流は電圧よりも位相が 90 度遅れる．リアクタンスは，コイルのインダクタンスを L とすると，$+jX=+j\omega L$ と表すことができる．

交流電圧をコンデンサに加えると，電流は電圧よりも位相が 90 度進む．リアクタンスは，コンデンサのキャパシタンスを C とすると，$-jX=-j\dfrac{1}{\omega C}$ と表すことができる．

回路設計においてインピーダンスは，各回路に効率よくエネルギーを伝送できるように設計するための有用なパラメータとなる．すなわち，損失を 0 にする設計とは，リアクタンス X を 0〔Ω〕にするということと同義である．アンテナの場合は，

$$jX = j\left(\omega L - \frac{1}{\omega C}\right) = 0 \quad \rightarrow \quad \omega L = \frac{1}{\omega C} \tag{2.8}$$

となることを，$\omega=2\pi f$ で与えられる周波数 f でアンテナが**共振**しているという．この共振周波数 f は，以下の式で与えられる．

$$\omega = 2\pi f = \frac{1}{\sqrt{LC}} \quad \rightarrow \quad f = \frac{1}{2\pi\sqrt{LC}} \tag{2.9}$$

2.3 スミスチャート

インピーダンス Z は，複素平面上にプロットできる．横軸は抵抗成分 R，縦軸はリアクタンス成分 jX を表す．この平面は図 2.3 に示すもので，**インピーダンス平面**と呼ばれている．例えば，$Z = 50\,\Omega + j40\,\Omega$ は，インピーダンス平面上では A 点になる．

このインピーダンス平面では，インピーダンスそのものの値をプロットしているが，その抵抗成分とリアクタンス成分の値を，そのシステムで使われる特性インピーダンス Z_0 で割った値を**正規化**（ノルマライズされた）**インピーダンス**という．例えば，$Z = 50\,\Omega + j40\,\Omega$ を $Z_0 = 50\,\Omega$ 系で正規化すると，$Z = 1 + j0.8$ となる．図 2.3 のインピーダンス平面を 50 Ω で正規化した正規化インピーダンス平面は，図 2.4 に示すようになる．

図 2.3　インピーダンス平面

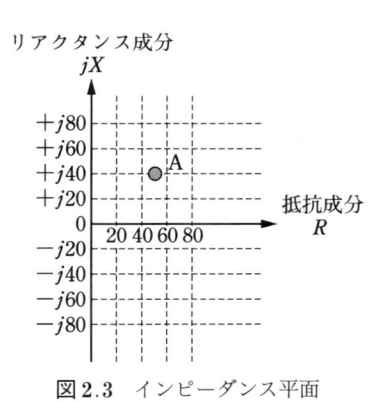

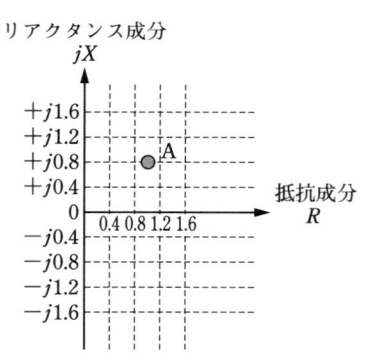

図 2.4　正規化インピーダンス平面

アンテナのインピーダンスにおいては,非常に大きな値の抵抗値やリアクタンス値を図表に表したいことがあるが,正規化インピーダンス平面上で大きな値を表記するのは困難である.そこで,正規化インピーダンス平面の,抵抗成分の正の無限大($+\infty$)と,リアクタンス成分の正の無限大($+\infty$)と,負の無限大($-\infty$)を,図2.5に示すように抵抗成分の$+\infty$の点にまとめた図表をスミスチャートという.このスミスチャートを用いることによりアンテナのインピーダンスを容易に図表にすることができる.

このチャートは,ベル電話研究所の**スミス**(Phillip Hagar Smith, 1905-1987)によって考案された.この図形の幾何学的な特徴は,**定抵抗円**も**定リアクタンス円**も真円であり,また,定抵抗円と定リアクタンス円の各交点は直交している.スミスチャートは,インピーダンスと反射係数との関係を定規とコンパスを用いて簡単に図表化できる便利なチャートである.$Z=R+jX$ からもわかるように,直列回路(素子)の取扱いに適している.

スミスチャート上に $Z=25\,\Omega+j22.5\,\Omega$ をプロットする方法を図2.6を用い,以下の①~④に説明する.

① $Z=25\,\Omega+j22.5\,\Omega$ を $50\,\Omega$ で正規化すると,$Z=0.5+j0.45$ となる.
② 実軸上の抵抗成分 0.5 を表す A″ 点と,$R=\infty$ 点を通る定抵抗円を描く.

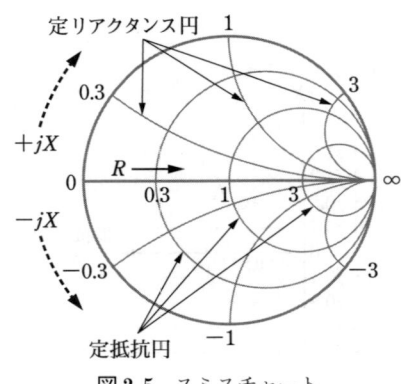

図2.5 スミスチャート

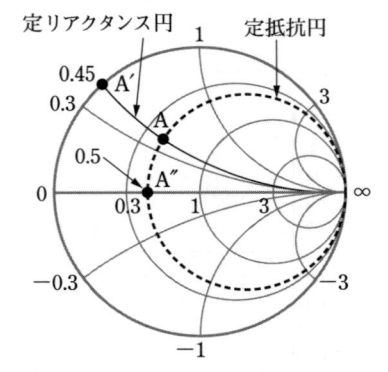

図2.6 スミスチャート上に $Z=25\,\Omega+j22.5\,\Omega$ をプロットする方法

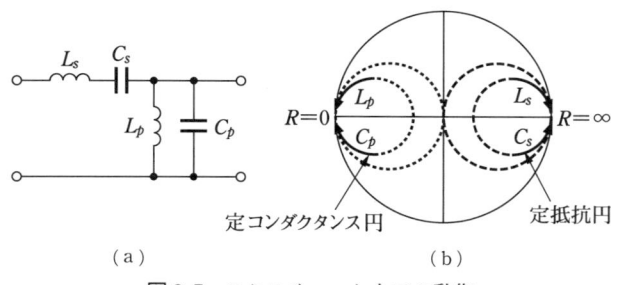

図2.7 スミスチャート上での動作

③ 円周上の正のリアクタンス 0.45 を表す A' 点と，$R=\infty$ 点を通る定リアクタンス円を描く．

④ この定抵抗円と定リアクタンス円の交点 A が，$Z=0.5+j0.45$ を表す点となる．

コイルとコンデンサを図2.7(a)に示すように配置したとき，L_S を直列インダクタンス，C_S を直列キャパシタンス，L_P を並列インダクタンス，C_P を並列キャパシタンスと呼ぶことにする．これら各々の値が変化したときのスミスチャート上での動きは，図2.7(b)に示すようになる．

- 直列インダクタンス（L_S）が増加すると，**定抵抗円**上を時計まわりに動く．
- 直列キャパシタンス（C_S）が増加すると，**定抵抗円**上を反時計まわりに動く．
- 並列インダクタンス（L_P）が増加すると，**定コンダクタンス円**上を反時計まわりに動く．
- 並列キャパシタンス（C_P）が増加すると，**定コンダクタンス円**上を時計まわりに動く．

スミスチャートの中心を中点として円を描くと，図2.8に示すように**反射係数**と**位相角**を書くこともできる．また，図2.9に示すように，**電圧定在波比**（**VSWR**: Voltage Standing Wave Ratio）を読み取ることもできる．

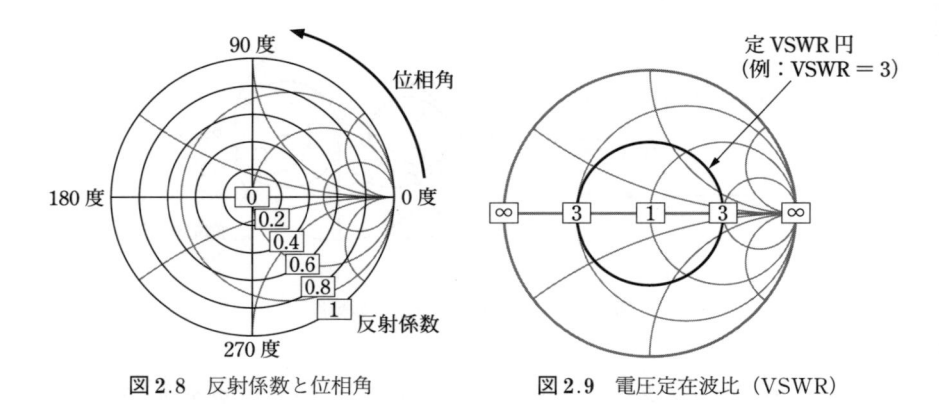

図 2.8　反射係数と位相角　　　　図 2.9　電圧定在波比（VSWR）

2.4　Sパラメータ

　高周波回路に測定用のプローブを近づけただけでも特性が変わってしまうくらい，高周波回路とは敏感なものである．そこで，回路や素子に伝送線路を接続し，その入射波電圧と反射波電圧を方向性結合器で測定することによって，その回路や素子の特性を表す **S**（Scattering：散乱）**パラメータ**が高周波回路では広く用いられている．図 2.10 に示すような 2 端子回路網において，

$$\begin{cases} a_1 = 入力端子への入射波 \\ b_1 = 入力端子からの反射波 \\ a_2 = 出力端子への入射波 \\ b_2 = 出力端子からの反射波 \end{cases} \quad (2.10)$$

とし，

$$\begin{cases} b_1 = S_{11}a_1 + S_{12}a_2 \\ b_2 = S_{21}a_1 + S_{22}a_2 \end{cases} \quad (2.11)$$

のような連立方程式を考える．
　このときの S_{**} は，入力端子と出力端子を特性インピーダンス Z_0 で終端したときに得られる定数で，以下のように表す．

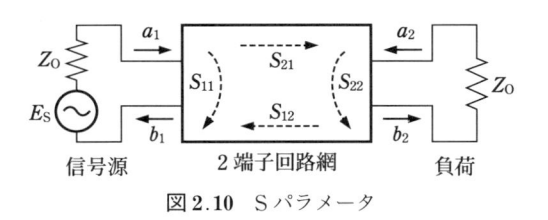

2.5 アイソトロピックアンテナ

図 2.10 S パラメータ

$$\begin{cases} S_{11} = \dfrac{b_1}{a_1} = 入力反射係数 \ (a_2 = 0 \ のとき) \\ S_{21} = \dfrac{b_2}{a_1} = 順方向伝達係数 \ (a_2 = 0 \ のとき) \\ S_{12} = \dfrac{b_1}{a_2} = 逆方向伝達係数 \ (a_1 = 0 \ のとき) \\ S_{22} = \dfrac{b_2}{a_2} = 出力反射係数 \ (a_1 = 0 \ のとき) \end{cases} \quad (2.12)$$

アンテナを設計するにあたり，この S パラメータの中で主に用いるのは，入力反射係数 S_{11} である．S_{11} を実際にネットワークアナライザで測定すると，S_{11} はインピーダンス（$Z = R + jX$ または $Z = R - jX$）の値として得ることができる．これは，アンテナの給電点インピーダンスそのものである．アンテナは，その共振周波数では $X = 0$ となる．

インピーダンス表記の S_{11} が得られると，スミスチャート上にその S_{11} をプロットし，そこに図 2.8 のような同心円を重ねると，**反射係数**や**位相角**を読み取ることができる．また，図 2.9 のような同心円を重ねると，**電圧定在波比**（**VSWR**）を読むことができる．

反射係数や電圧定在波比に関しては，2.10 節で説明する．

2.5　アイソトロピックアンテナ

アイソトロピックアンテナ（**Isotropic Antenna**）とは，アンテナの利得を定義するために，その基準となる全空間すべての方向に均等に電波を放射する**仮想**

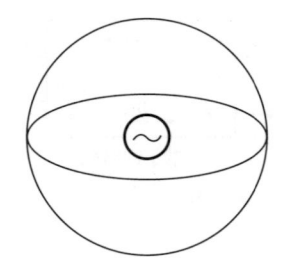

図 2.11 アイソトロピックアンテナ

的なアンテナである．図 2.11 に示すように，アンテナ自体は大きさを持たない点波源と仮定する．

2.6　アンテナの絶対利得と相対利得

アンテナの利得には，図 2.12 に示すように**絶対利得**と**相対利得**がある．

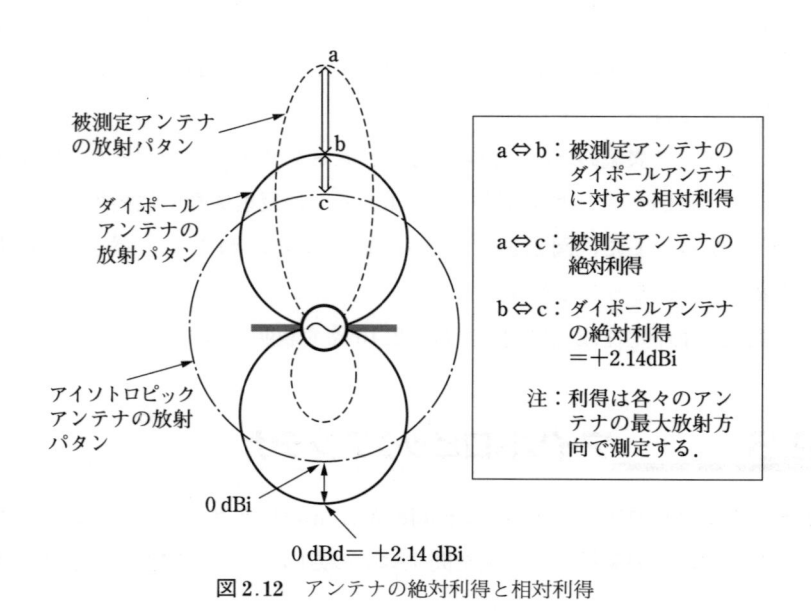

a⇔b：被測定アンテナのダイポールアンテナに対する相対利得

a⇔c：被測定アンテナの絶対利得

b⇔c：ダイポールアンテナの絶対利得
　　　＝＋2.14 dBi

注：利得は各々のアンテナの最大放射方向で測定する．

0 dBd ＝ ＋2.14 dBi

図 2.12 アンテナの絶対利得と相対利得

2.6.1　絶対利得

　アンテナの利得を定義するとき，その基準となるアンテナとして**アイソトロピックアンテナ**を用いる．このアイソトロピックアンテナに送信機を接続して，基準電力の電波を送出する．アンテナからある距離 d の場所で電波の強さ（電力）を測定し，その値を P_i とする．次に，利得を測定したい被測定アンテナに同じ送信機を接続し，その被測定アンテナの最大輻射方向の同じ距離 d で測定した電波の強さ（電力）を P_dut とする．この $P_\mathrm{dut}/P_\mathrm{i}$ の比をデシベルで表した値をアンテナの**絶対利得**といい，回線設計などを計算する際のアンテナの利得として用いる．

　絶対利得は，その電波の強さの比を表現するにあたってアイソトロピックアンテナを基準にしたことを示すため，その両者の放射する電波の強さの比率を表す単位 **dB** の後にアイソトロピックアンテナ（Isotropic Antenna）の頭文字の **i** を付加して **dBi** と表す．

$$絶対利得〔\mathrm{dBi}〕 = 10\log\left(\frac{P_\mathrm{dut}}{P_\mathrm{i}}\right) \tag{2.13}$$

　絶対利得において，アイソトロピックアンテナとの電波の強さを比較したとき，被測定アンテナの電波がアイソトロピックアンテナの電波の強さよりも強いときは $+3\,\mathrm{dBi}$ のように正の値をとり，弱いときは $-4\,\mathrm{dBi}$ のように負の値をとる．

2.6.2　相対利得

　アイソトロピックアンテナは実際には存在しないので，現実には絶対利得は実測できない．したがってアンテナの絶対利得を求めるには，絶対利得が既知のアンテナをアイソトロピックアンテナに代わる基準アンテナとして用いて利得を測定することになる．この絶対利得が既知のアンテナと被測定アンテナの放射電力の比率を**相対利得**という．この基準アンテナとして，**ダイポールアンテナ**（Dipole Antenna）や**ホーンアンテナ**（Horn Antenna）がよく用いられる．絶対利得が $+2.14\,\mathrm{dBi}$ のダイポールアンテナを基準アンテナとした被測定アンテ

ナの相対利得は，ダイポールアンテナを基準アンテナとしているということを明確にするため，その両者の放射する電波の強さの比率を表す単位 **dB** の後にダイポールアンテナ（Dipole Antenna）の頭文字の **d** を付加して **dBd** と表す．基準となるダイポールアンテナの放射位置から距離 d における最大輻射方向の電波の強さを P_d，被測定アンテナの最大輻射方向の同じ距離 d の場所での電波の強さを P_{dut} とすると，被測定アンテナとダイポールアンテナの相対利得は，

$$\text{相対利得}[\text{dBd}] = 10 \log\left(\frac{P_{dut}}{P_d}\right) \tag{2.14}$$

と表される．

被測定アンテナの利得を絶対利得〔dBi〕に換算するときは，ダイポールアンテナを基準として測定した相対利得〔dBd〕の値に 2.14 dB を加えた値となる．

2.7 アンテナの有効面積

アンテナが電波を集める能力は，その**有効面積**で表される．同じ利得のアンテナでも，使用波長が異なると有効面積が異なる．

線状アンテナのように，開口面をもたないアンテナの有効面積 A_e（Antenna Effective Area）は，

$$A_e = \frac{\lambda^2}{4\pi}\left(10^{\frac{Ga}{10}}\right) \tag{2.15}$$

で計算する．ここで，Ga はアンテナの絶対利得で，単位は dBi, λ は自由空間の 1 波長の長さを表す．

2.8 アンテナの絶対利得と指向性幅の関係

アンテナの**指向性幅（ビーム幅）**とは，図 2.13 に示すように，送信したときのアンテナ前方（最大放射方向）を基準として，その左右で放射電力が半分（-3 dB）となる点の間の角度（θ）で表す．

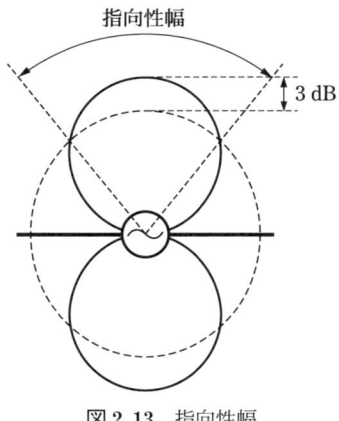

図 2.13 指向性幅

　サイドローブのレベルが低いペンシルビームアンテナや，八木・宇田アンテナなどの開口面を持たないアンテナでは，H 面指向性幅を θ_H〔度〕，E 面指向性幅を θ_E〔度〕とすると，概略の絶対利得を以下の式で求めることができる．

$$G \text{〔dBi〕} = \left(10 \log \frac{41253}{\theta_H \cdot \theta_E}\right) \tag{2.16}$$

　開口面を持つ口径 D のパラボラアンテナでは，指向性幅 θ〔度〕は概略として，

$$\theta \approx 69 \frac{\pi}{D} \tag{2.17}$$

で求めることができる．

　アンテナ前方へ放射される電力と後方へ放射される電力の比を **FB 比**（Front to Back Ratio），前方へ放射される電力と側方へ放射される電力の比を **FS 比**（Front to Side Ratio）といい，指向性を有するアンテナの評価に用いる．

2.9　実用アンテナの電気長と利得の関係

　進士昌明氏は「小形・薄形アンテナと無線通信システム」（電子情報通信学会

論文誌(B)，Vol. J 71-B, No. 11) の論文を発表している．

その論文の中で，実用化されているアンテナの最大外形寸法 L と，その各々のアンテナのダイポールアンテナを基準とした相対利得 G の間には，

$$G \text{ [dBd]} \approx 8 \log \frac{2L}{\lambda} \tag{2.18}$$

の関係があることを見い出した．これはアンテナの形状に関係なく，外形寸法がわかればそのアンテナの相対利得が予測できるという，非常に興味深い内容である．

2.10　VSWRとリターンロス

アンテナの給電点インピーダンスと給電線の特性インピーダンスとの整合がとれていないとき，図 2.14 に示すように接続点において反射波が生じる．アンテナに入力する信号の電圧と反射してくる信号の電圧の比率（**反射係数**）を γ とすると，その γ を 2 乗してデシベル表記した値を**リターンロス**と定義する．

また，その反射が生じる結果，図 2.15 に示すように給電線上に**進行波**と**反射波**が干渉してできた合成波は図のような**定在波**を生じる．その電圧の最大値 V_{MAX} と最小値 V_{MIN} の比を **VSWR**（**電圧定在波比**）といい，アンテナのインピーダンス整合状態を知る上でのパラメータとして広く使われている．

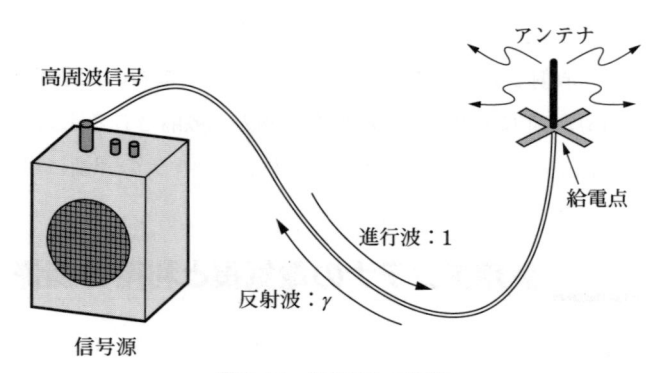

図 2.14　進行波と反射波

2.11　電界強度

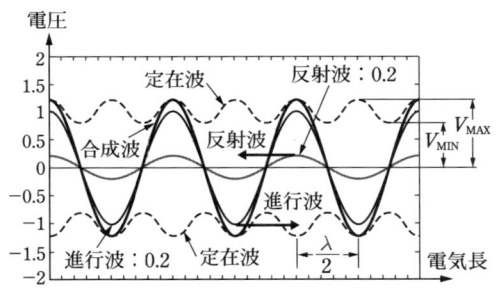

図 2.15　定在波

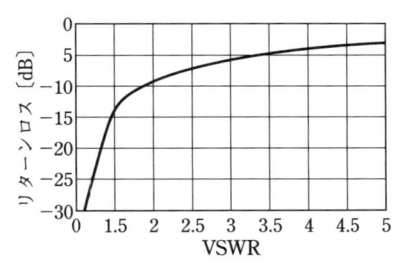

図 2.16　リターンロスと VSWR の関係

リターンロスと VSWR は，以下の式で示される．

$$\text{VSWR} = \frac{V_{\text{MAX}}}{V_{\text{MIN}}} = \frac{1+\gamma}{1-\gamma} \tag{2.19}$$

$$\text{リターンロス} = 10\log(\gamma^2) = 20\log\gamma$$
$$= 20\log\frac{\text{VSWR}-1}{\text{VSWR}+1}\,[\text{dB}] \tag{2.20}$$

リターンロスと VSWR の関係を図 2.16 にグラフとして示す．

2.11　電界強度

電波の強さの表現には，**電界強度**もよく用いられる．図 2.17 に示す座標系において，点波源（アイソトロピックアンテナ）の給電点に供給される電力を P

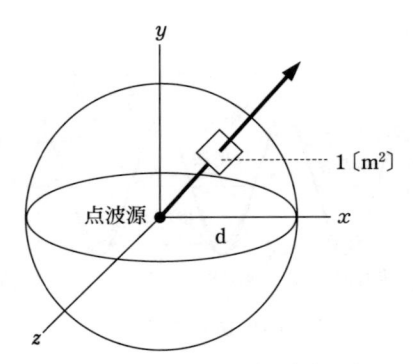

図 2.17 アイソトロピックアンテナの電界強度を求めるときの座標系

〔W〕とする．距離 d〔m〕における**電力密度** P_iso は，供給電力 P を半径 d の球の表面積 S〔m²〕で割った値と定義される．ここで球の表面積 S は，

$$\text{球の表面積 } S = 4\pi d^2 \text{〔m}^2\text{〕} \tag{2.21}$$

で与えられるので，電力密度 P_iso は

$$P_\text{iso} = \frac{P}{S} = \frac{P}{4\pi d^2} \text{〔W/m}^2\text{〕} \tag{2.22}$$

と計算できる．このときの電界強度 E_iso は，自由空間の特性インピーダンスを 120π〔Ω〕とすると，以下の式で与えられる．

$$E_\text{iso} = \sqrt{120\pi \cdot P_\text{iso}} \text{〔V/m〕} \tag{2.23}$$

アイソトロピックアンテナの給電点に電力 P を供給した場合，距離 d における電界強度 E_iso は，

$$\begin{aligned} E_\text{iso} &= \sqrt{120\pi \cdot P_\text{iso}} \\ &= \sqrt{120\pi \cdot \frac{P}{4\pi d^2}} = \frac{\sqrt{30P}}{d} \text{〔V/m〕} \end{aligned} \tag{2.24}$$

となる．ここで，利得が +2.14 dBi（1.64 倍）のダイポールアンテナの給電点に電力 P を供給した場合，距離 d における電界強度 P_dip は，

$$P_\text{dip} = 1.64 P_\text{iso} = \frac{1.64 P}{4\pi d^2} \text{〔W/m}^2\text{〕} \tag{2.25}$$

となり，電界強度 E_{dip} は，

$$E_{\text{dip}} = \sqrt{120\pi P_{\text{dip}}} = \sqrt{120\pi \frac{1.64W}{4\pi d^2}}$$

$$= \frac{\sqrt{49W}}{d} = 7\frac{\sqrt{W}}{d} \; [\text{V/m}] \tag{2.26}$$

で与えられる．

2.12　小形アンテナの定義

世の中では**小形アンテナ**へのニーズも高い．しかし，小形のアンテナで高利得のものが実現できれば良いが，アンテナは小形になればなるほど放射指向性は無指向性に近づき，加えて放射効率も低下するので，フルサイズのアンテナの利得を超えることはできない．本節では小形アンテナについて説明する．

2.12.1　小形アンテナの分類及び定義

小形アンテナの認識を共通化するために，ここでは小形アンテナの分類と定義について述べる．アンテナの多様性から，藤本京平氏は電子情報通信学会誌（1987年8月）の「小形アンテナに関する研究動向」という記事で，小形アンテナを四つに分類した（注記：本書では藤本京平氏の学会誌で用いている「小形アンテナ」という語を用いているが，「小型アンテナ」と同義語である）．

（1）　電気的小形（Electrically Small）
（2）　物理的制約付き小形（Physically Constrained Small）
（3）　機能的小形（Functionally Small）
（4）　物理的小形（Physically Small）

一般に小形アンテナといえば，（1）の電気的小形アンテナを意味する．電気的小形アンテナでは，使用する波長（λ）を評価基準とすると，次の3種の提案がある．

（a）　アンテナ寸法 $< \lambda/(2\pi)$　　H. A. Wheeler

(b) アンテナ寸法<$\lambda/10$　R. W. P. King
(c) アンテナ寸法<$\lambda/8$　S. A. Schelkunoff, H. T. Friis

この中で，(a)の条件を満たしているものを**電気的小形アンテナ**としている例が多い．これはアンテナの使用波長との対比によるもので，**蓄積界**と**放射界**が等しい境界である，半径を**$\lambda/(2\pi)$**の球とする1 radian sphere内にある寸法のアンテナを対象としている．1 radian sphereを用いるのは，この球面内部では蓄積界が支配的であるという観点と，長さなどの寸法を$\lambda/(2\pi)$，すなわち1 radian lengthで規格化できる便利さにある．

電気的小形アンテナでは，その物理的限界値を実現する以前に実用上の限度がある．アンテナがあまりに小形であると，接続するケーブルや回路の影響が無視できなくなってくるので，このことも考慮したアンテナの設計を行う必要がある．

(2)の**物理的制約付小形アンテナ**とは，アンテナ寸法の一部が電気的小形に制限された条件をもつ構成のものを称す．波長を基準とするような定義は特になく，視覚的に判断される．

(3)の**機能的小形アンテナ**とは，機能を評価基準とするもので，同じ機能に対する相対的な小ささが判断基準になるアンテナである．

(4)の**物理的小形アンテナ**とは，人間が扱う上において感覚的に「大きい」と感じないアンテナをいい，単なる分類のみで，内容的には特に論ずべきものはない．

2.12.2　小形アンテナの利得と放射効率

一般に，小形の**電界放射型アンテナ**といえば微小ダイポールアンテナ，小形の**磁界放射型アンテナ**といえば微小ループアンテナが代表的なものといえる．

クラウス（J. Klaus）は，彼の著書「Antennas第2版（McGraw-Hill, 1988年)」で，微小ダイポールアンテナの最大有効面積はその長さに関係なく$0.119\lambda^2$，微小ループアンテナでも同様に$0.119\lambda^2$で，指向性利得はともに+1.76 dBi（=1.5倍）と述べている．これらの値は，半波長ダイポールアンテ

ナの有効面積が $0.13\lambda^2$ なので，それに比べ約 92%，また指向性利得は +2.14 dBi（=1.64 倍）であるのでほとんど遜色がないといえる．

一般に小形アンテナは，**放射抵抗**を R_a，**損失抵抗**を R_L，クラウスの提唱する小形アンテナの指向性利得を $G_d = +1.76\,\text{dBi}$（=1.5 倍）とすると，絶対利得 G_a は以下に示す式で表される．

$$G_a = 10 \log\left(1.5 \cdot \frac{R_a}{R_a + R_L}\right) \text{[dBi]} \tag{2.27}$$

ここで特に，

$$\eta = \frac{R_a}{R_a + R_L} \tag{2.28}$$

をアンテナの**放射効率** η という．小形アンテナで放射効率を高めるには，損失抵抗 R_L を小さくするか放射抵抗 R_a を大きくする必要があることが式(2.28)からわかる．

以上より，反射板などを付加する指向性アンテナではなく，放射素子のみで構成される小形アンテナの絶対利得は，+1.76 dBi を超えられないことがわかる．

第3章

アンテナの基本特性の解析

一般的にアンテナは，
(1) 電界放射型アンテナ
(2) 磁界放射型アンテナ
(3) 電磁界放射型アンテナ

で分類される．例えば小形電界放射型アンテナといえば**微小ダイポールアンテナ**，小形磁界放射型アンテナといえば**微小ループアンテナ**などがある．図3.1に示すように，電流成分 I_ϕ からの放射が大きな微小ダイポールアンテナと，磁流成分 I_θ からの放射が大きな微小ループアンテナが，ともに小形アンテナの代表的なものといえる．

実用的なアンテナとしては，ダイポールアンテナは全長が半波長のもの，ループアンテナは全周の長さが1波長のものがよく用いられている．

本章では，これらの基本的なアンテナの放射界などの基本的な解析を行う．

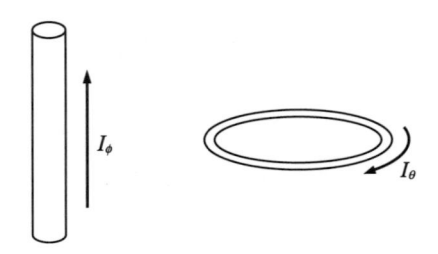

図 3.1　ダイポールアンテナとループアンテナ

3.1　電界放射型のアンテナ

　電界放射型の代表的なアンテナとして，ダイポールアンテナがある．このアンテナは構造が簡単でありながら高性能であり，八木・宇田アンテナの放射素子としても用いられている．また，ダイポールアンテナの半分を用いて同軸ケーブルによる不平衡給電を行い，外導体をグラウンド板に接続したモノポールアンテナは，携帯電話などの移動体通信で多く用いられている．

3.1.1　微小ダイポールアンテナ

　このアンテナを説明するにあたり，図 3.2 に示す座標系におけるダイポールアンテナの放射電磁界を以下に示す．長さ l の導線に流れる電流を I，真空中の誘電率を ε_0 とする．長さ l が波長に対して非常に短い**微小ダイポールアンテナ**の電界と磁界は，

$$\begin{cases} E_R = \dfrac{Il\exp(-jkR)}{j2\pi\omega\varepsilon_0}\left(\dfrac{1}{R^3}+\dfrac{jk}{R^2}\right)\cos\theta \\ E_\theta = \dfrac{Il\exp(-jkR)}{j4\pi\omega\varepsilon_0}\left(\dfrac{1}{R^3}+\dfrac{jk}{R^2}-\dfrac{k^2}{R}\right)\sin\theta \\ H_\phi = \dfrac{Il\exp(-jkR)}{4\pi}\left(\dfrac{1}{R^2}+\dfrac{jk}{R}\right)\sin\theta \\ E_\phi = H_R = H_\theta = 0 \end{cases} \quad (3.1)$$

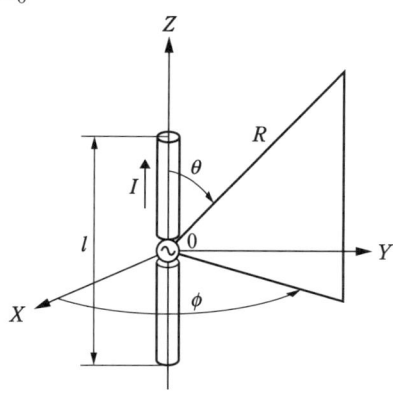

図 3.2　微小ダイポールアンテナの座標系

表 3.1 R に対する電界の振幅の比較

R	準静電界	誘導電磁界	放射電磁界
$\lambda/100$	1	0.063	0.0039
$\lambda/(2\pi)$	1	1	1
5λ	0.001	0.032	1

で与えられる.

放射電力 P と放射抵抗 R_a は,真空中の透磁率を μ_0 とすると,次の式で求められる.

$$P = \frac{\pi\omega\mu_0}{3}\left(\frac{Il}{\lambda}\right)^2 \tag{3.2}$$

$$R_a = \frac{2\pi\omega\mu_0}{3}\left(\frac{l}{\lambda}\right)^2 \tag{3.3}$$

式(3.1)から,ダイポールアンテナの放射界は,$1/R^3$, $1/R^2$, $1/R$ の3項より成り立つことがわかる.これらは,各々以下の意味を持っている.

$1/R^3$ に比例する項は**準静電界**(Quasi Static Field)と呼ばれ,静電界における双極子(ダイポール)による電界と等価になる.

$1/R^2$ に比例する項は**誘導電磁界**(Induction Field)と呼ばれ,ビオ・サバールの法則に従う誘導界である.

$1/R$ に比例する項は**放射電磁界**(Radiation Field)と呼ばれ,アンテナから空間に電力を放射するのに寄与する成分である.

これらの電界の振幅は,$R=\lambda/(2\pi)$ で一致する.表3.1 に,$R=\lambda/100$, $R=\lambda/(2\pi)$, $R=5\lambda$ の3距離で電界の振幅を比較した.この結果からもわかるように,$R \ll \lambda/(2\pi)$ では準静電界,$R \gg \lambda/(2\pi)$ では放射電磁界が支配的になる.

3.1.2　ダイポールアンテナの遠方放射電磁界

次に,図3.3 に示した座標系におけるダイポールアンテナの遠方放射電磁界を以下に示す.長さ $2l$ は波長に対して無視できない大きさとする.この導線の電

3.1 電界放射型のアンテナ

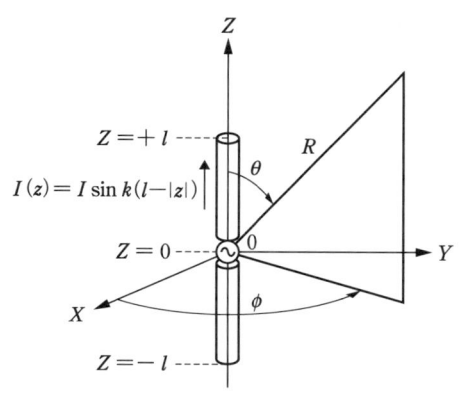

図3.3 ダイポールアンテナの座標系

流分布を

$$I(z) = I \sin k(l-|z|) \tag{3.4}$$

とすると，このときの放射電磁界は以下の式で与えられる．

$$\begin{cases} E_\theta = j60I \dfrac{\exp(-jkR)}{R} \cdot \dfrac{\cos(kl\cos\theta) - \cos(kl)}{\sin\theta} \\ H_\phi = \dfrac{E_\theta}{120\pi} \end{cases} \tag{3.5}$$

3.1.3 半波長ダイポールアンテナの遠方放射電磁界

同様に，図3.3に示した座標系における，アンテナ素子長が $2l = \dfrac{\lambda}{2}$，すなわち**半波長ダイポールアンテナ**の遠方放射電磁界を以下に示す．

$$\begin{cases} E_\theta = j60I \dfrac{\exp(-jkR)}{R} \cdot \dfrac{\cos\left(\dfrac{\pi}{2}\cos\theta\right)}{\sin\theta} \\ H_\phi = \dfrac{E_\theta}{120\pi} \end{cases} \tag{3.6}$$

このときの放射電力 P は

$$P = 15I^2\{\gamma + \ln(2\pi) + C_i(2\pi)\} \tag{3.7}$$

で与えられ，γ はオイラー定数で 0.57721，$Ci(x)$ は余弦積分で，

$$Ci(x) = -\int_x^\infty \frac{\cos x}{x} dx \tag{3.8}$$

である．放射抵抗 R_a は，

$$R_a = \frac{2P}{I^2} \approx 73 [\Omega] \tag{3.9}$$

となる．

3.2　磁界放射型のアンテナ

　磁界放射型の代表的なアンテナとして，ループアンテナがある．通信距離が $\lambda/(2\pi)$ より非常に短い電磁誘導の非接触 IC カードや，人体に密接して使うページャーなどのアンテナとして広く使用されている．

3.2.1　微小ループアンテナ

　図 3.4 の座標系に示すような，波長に比べて非常に小さい磁界放射型小形アンテナである**微小ループアンテナ**の放射電磁界を以下に示す．このアンテナは，微小な磁気ダイポールアンテナと等価になる．ループで囲まれた面積を S，ループに流れる電流を I とすると，微小ループアンテナの電界と磁界は，

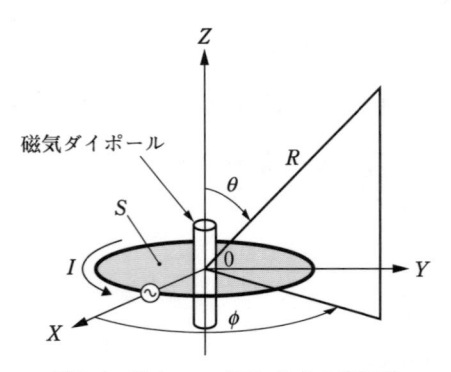

図 3.4　微小ループアンテナの座標系

3.2 磁界放射型のアンテナ

$$\begin{cases} E_\phi = -\dfrac{jw\mu_0 IS\exp(-jkR)}{4\pi}\left(\dfrac{1}{R^2}+\dfrac{jk}{R}\right)\sin\theta \\ H_R = \dfrac{IS\exp(-jkR)}{2\pi}\left(\dfrac{1}{R^3}+\dfrac{jk}{R^2}\right)\cos\theta \\ H_\theta = \dfrac{IS\exp(-jkR)}{4\pi}\left(\dfrac{1}{R^3}+\dfrac{jk}{R^2}-\dfrac{k^2}{R}\right)\sin\theta \\ E_R = E_\theta = H_\phi = 0 \end{cases} \quad (3.10)$$

で与えられる.ここで,f は周波数,λ はその周波数 f の自由空間における1波長の長さ,ω は角周波数,k は $(2\pi)/\lambda$ で与えられる波数,μ_0 は真空中の透磁率を表す.

放射電力 P と放射抵抗 R_a は,以下の式から求められる.

$$P = \frac{\pi\omega\mu_0 I^2}{12}\left(\frac{2\pi a}{\lambda}\right)^4 \tag{3.11}$$

$$R_a = \frac{\pi\omega\mu_0}{6}\left(\frac{2\pi a}{\lambda}\right)^4 \tag{3.12}$$

3.2.2　円形ループアンテナ

次に,図 3.5 に示すような,周囲長が波長に比べて無視できない長さの円形ループアンテナの放射電磁界を以下に示す.ループ上に一様で同相の電流 I が流れているときには,

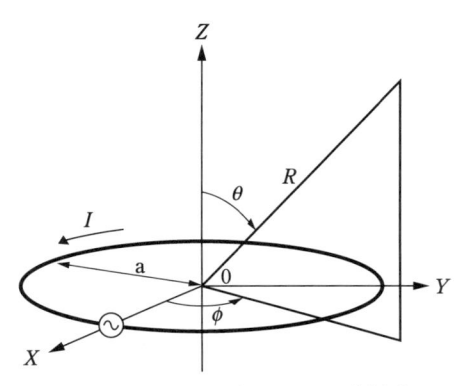

図 3.5　円形ループアンテナの座標系

$$\begin{cases} E_\phi = 60\pi kaI\dfrac{\exp(-jkR)}{R}J_1(ka\sin\theta) \\ H_\theta = -\dfrac{E_\phi}{120\pi} \end{cases} \tag{3.13}$$

となる．ここで，$J_1(x)$ は1次のベッセル関数である．周囲長が1波長のとき（**波長ループアンテナ**），電流は

$$I(\phi) = I\cos\phi \tag{3.14}$$

で与えられ，放射電磁界は

$$\begin{cases} E_\theta = -j30\pi I\dfrac{\exp(-jkR)}{R}\{J_0(\sin\theta)+J_2(\sin\theta)\}\cos\theta\sin\phi \\ E_\phi = -j30\pi I\dfrac{\exp(-jkR)}{R}\{J_0(\sin\theta)-J_2(\sin\theta)\}\cos\phi \end{cases} \tag{3.15}$$

となり，$\theta=0$ と $\theta=\pi$ 方向への放射が最大となる．

3.3　方形パッチアンテナの基本特性

3.3.1　放射パタン

図3.6に示した座標系における $a=b=\dfrac{\lambda_g}{2}$ の**方形パッチアンテナ**の遠方放射電

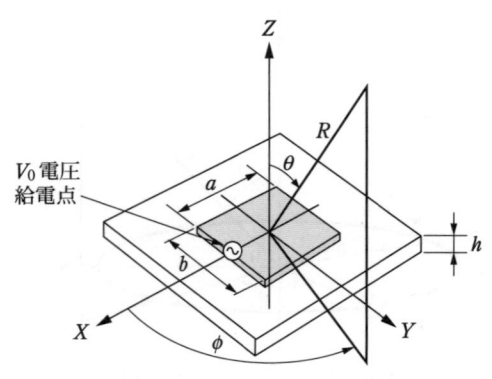

図3.6 方形パッチアンテナの座標系

磁界を以下に示す。給電は，図のように放射素子の端に電圧給電したものとする。

$$\begin{cases} E_\theta = -j\dfrac{4V_0 k \exp(-jkR)}{\lambda R} \cos\left(\dfrac{ka}{2}\sin\theta\cos\phi\right)\sin\left(\dfrac{kb}{2}\sin\theta\sin\phi\right) \\ \qquad \times \left\{ \dfrac{\sin\theta\sin\phi\cos\phi}{(k\sin\theta\cos\phi)^2 - \left(\dfrac{\pi}{a}\right)^2} + \dfrac{\sin\theta\sin\phi\cos\phi}{(k\sin\theta\sin\phi)^2} \right\} \\ E_\phi = -j\dfrac{4V_0 k \exp(-jkR)}{\lambda R} \cos\left(\dfrac{ka}{2}\sin\theta\cos\phi\right)\sin\left(\dfrac{kb}{2}\sin\theta\sin\phi\right) \\ \qquad \times \left\{ \dfrac{\sin\theta\cos\theta\cos^2\phi}{(k\sin\theta\cos\phi)^2 - \left(\dfrac{\pi}{a}\right)^2} - \dfrac{\sin\theta\cos\theta}{(k\sin\theta)^2} \right\} \end{cases}$$

(3.16)

ここでは，

$\begin{cases} V_0 : 放射素子の開放端に給電するピーク電圧 \\ k : 自由空間の波数 \\ \lambda : 自由空間中の1波長の長さ \end{cases}$

を示す．

3.3.2　放射効率 η

方形パッチアンテナも共振回路であるので，無負荷 Q を Q_0 とおくと，

$$Q_0 = \omega \cdot \frac{共振回路に蓄えられる電磁エネルギーの時間的平均：W_a}{単位時間当たりに失われるエネルギー：P_l}$$

$$= \omega \cdot \frac{W_a}{P_a + P_d + P_c} \tag{3.17}$$

となる．ここで，分母の**単位時間当たりに失われるエネルギー**は，放射損 P_a と誘電体損 P_d とプリント基板の裏表の導体の損失 P_c の合計になる．分子の**共振回路に蓄えられる電磁エネルギーの時間的平均**を W_a とおく．

放射による Q を Q_a とすると，$\varepsilon_r = 2$ を境にして

・プリント基板の比誘電率 $\varepsilon_r > 2$ のとき

$$Q_a = \frac{3}{8} \cdot \varepsilon_r \cdot \frac{\lambda}{h} \tag{3.18}$$

・プリント基板の比誘電率 $\varepsilon_r < 2$ のとき，

$$Q_a = \left\{ \frac{\pi^2 \sqrt{\varepsilon_r}}{(2\pi)^2 - 16\sqrt{\varepsilon_r}} \right\} \left(\frac{\lambda}{h} \right) \tag{3.19}$$

と表すことができる．方形パッチアンテナの放射効率を η とすると，

$$\eta = \frac{Q_0}{Q_a} \tag{3.33}$$

となる．

3.3.3　帯域幅BW

帯域幅 BW は，アンテナの**電圧定在波比**を $VSWR$ とすると，

$$BW = \frac{VSWR - 1}{Q_0 \sqrt{VSWR}} \tag{1.21}$$

で表される．ここで，Q_0 の値はプリント基板の比誘電率 ε_r に比例し，厚さ h に反比例するので，Q の低い値のプリント基板を用いると帯域幅を広くすることができる．

3.3.4　指向性利得 G_d

アンテナでの**指向性利得**は，指向性表示の式を放射空間内で積分すればよい．$|E(\theta_0, \phi_0)|$ を主ビームの中心の電界とすると，

表3.2　方形パッチアンテナの指向性利得

比誘電率 ε_r	指向性利得 G_d	プリント基板材質
1	約+10 dBi	空気
2.3	約+7 dBi	デュロイド
2.55	約+6.7 dBi	テフロンファイバーガラス
4.8	約+6 dBi	ガラスエポキシ
6.8	約+5.6 dBi	ベリリア
10	約+5.3 dBi	アルミナ

$$G_d(\theta, \phi) = \frac{4\pi |E(\theta_0, \phi_0)|^2}{\int_0^{2\pi}\int_0^{\pi} |E(\theta, \phi)|^2 \sin\theta d\theta d\phi} \quad (3.22)$$

で求められ，方形パッチアンテナの指向性利得は，概略，表 3.2 のようになる．

3.4 電磁界放射型のアンテナ

アンテナは，**電界放射型**と**磁界放射型**の二つに大別されると言われている．しかし，電界放射と磁界放射の特性をあわせ持ったアンテナとして，図 3.7 に示す**スパイラルリングアンテナ**が長谷部望氏（日本大学），長澤総氏（双葉電子工業），根日屋英之（当時日本大学大学院，現在アンプレット）により提案（信学論，Vol. J 82-B No. 1, 1999 年）されている．電界放射の微小ダイポールアンテナと磁界放射の微小ループアンテナを組み合わせるとスパイラル状のアンテナ素子になることに着目し，この**電磁界放射型**のアンテナは開発された．

3.4.1 スパイラルリングアンテナの構成

図 3.8 に，スパイラルリングアンテナの構造を示す．図のように，長さ L の放射素子となる導線を直径 $2s$ で n 回巻きつけ，これを更にピッチ角 α とし，直

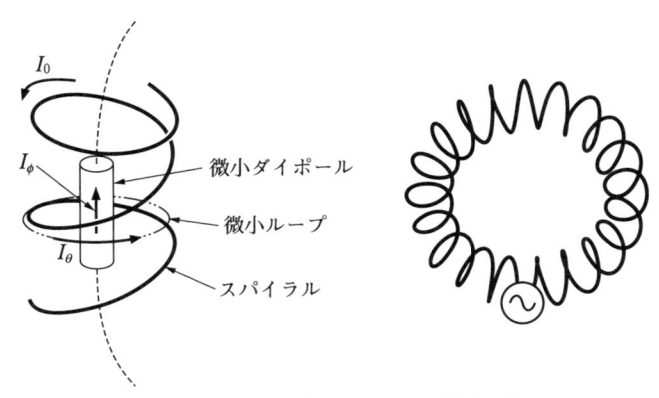

図 3.7 電磁界放射型アンテナの発想の原点

図3.8 スパイラルリングアンテナの構造

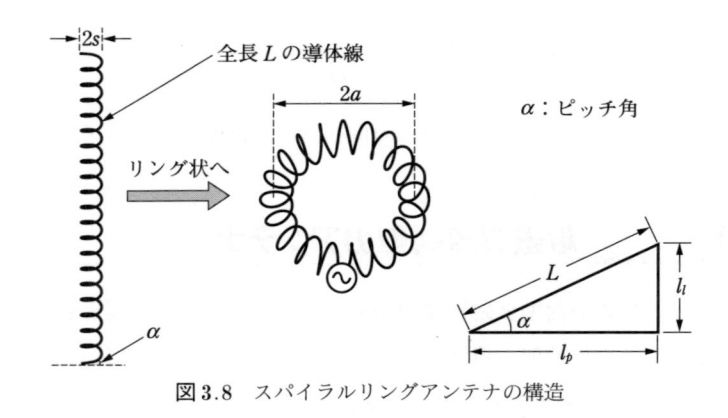

径 $2a$ で円形に構成したアンテナである．

3.4.2　スパイラルリングアンテナの電流分布

　スパイラルリングアンテナは，コイル状に巻いた線路を円形状に構成したものであるため，ピッチ角が小さくなると隣り合う巻き線間で浮遊容量が増加し，通常の軸モードヘリカルアンテナと同様に，導線上を電流が空間位相と同じ速度で伝搬しなくなると考えられる．そこで，$L=1\,\mathrm{m}$（この長さが1波長となる 300 MHz を基準周波数とする）に固定し，スパイラルリングアンテナの共振周波数を測定してみたところ，ピッチ角や巻き数，リングの半径により差はあるが，その共振周波数は基準周波数の 1.5〜1.7 倍になることがわかった（第7章図7.10 参照）．

　続いて，アンテナ共振時におけるリングに沿った電流分布を測定したところ，図3.9に示すように，スパイラルリングアンテナの電流分布の測定結果は，1波長ループアンテナと同じ余弦曲線になった．図中の MM はコンピュータシミュレーション（モーメント法）の計算結果，meas は実測値を示す．この結果から，スパイラルリングアンテナは小形にしても，1波長ループアンテナと等価な特性が得られるということが期待できる．

3.4 電磁界放射型のアンテナ

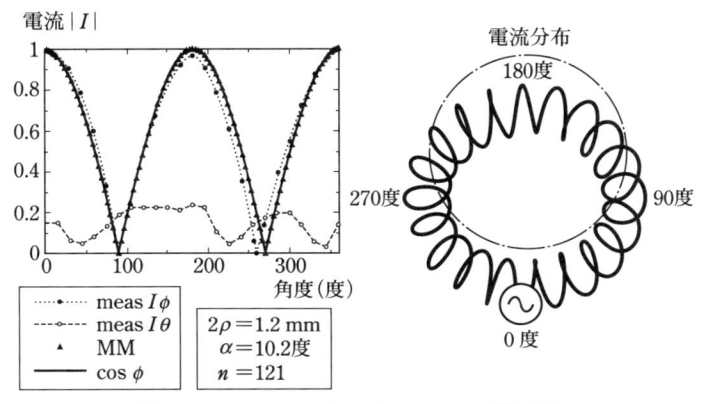

図3.9 スパイラルリングアンテナの電流分布

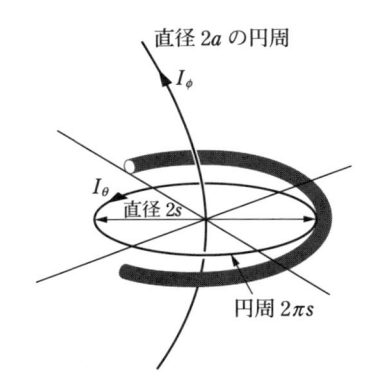

図3.10 1巻きスパイラルにおける I_ϕ と I_θ

3.4.3　スパイラルリングアンテナの放射指向性

　アンテナ上の電流分布を余弦状と仮定し，放射電磁界の解析をしてみた．1巻きのできあがったスパイラルリング上の電流は，共振周波数において定在波分布すると考えられ，そのスパイラル1巻きの電流の ϕ 成分及び θ 成分は，図3.10に示すように，スパイラルリングアンテナの1巻きを，直径2aの円周に沿った I_ϕ と，円周 $2\pi s$ に沿った I_θ に分けて考えることができる． I_ϕ がリング円周上で連続になると，1波長ループアンテナと同じようなアンテナと考えることができる． I_θ については，微小ループアンテナが巻き数と同じ数あると考えられ，こ

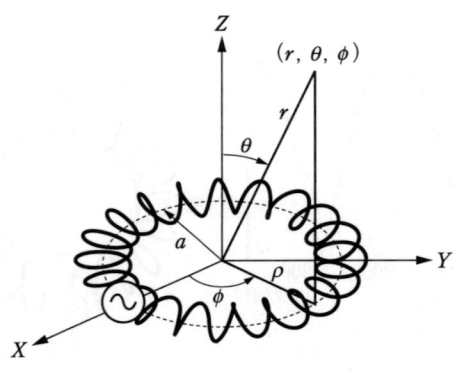

図3.11 スパイラルリングアンテナの座標系

の磁流により作られる磁気ダイポールアンテナも1波長ループで連続すると仮定する．

図3.11に示すように，X-Y平面にスパイラルリングアンテナを置き，電流成分 I_ϕ からの放射と磁流成分 I_θ からの放射に分けて考えたときの各々の放射電界を以下の式に示す．

電流成分 I_ϕ による遠方放射電界は，式(3.23)で計算できる．

$$\begin{cases} E_{\theta e} = j30\pi\left(\dfrac{2\pi a}{\lambda}\right) I_0 \dfrac{e^{-jkr}}{r} \times \dfrac{2J_1(ka\sin\theta)}{(ka\sin\theta)}\cos\theta\sin\phi \\ E_{\phi e} = j30\pi\left(\dfrac{2\pi a}{\lambda}\right) I_0 \dfrac{e^{-jkr}}{r} \times 2J_1'(ka\sin\theta)\cos\phi \end{cases} \quad (3.23)$$

ここで，J_1 は1次のベッセル関数とし，

$$J_n'(v) = \frac{1}{2}\{J_{n-1}(v) - J_{n+1}(v)\}$$

とする．$E_{\theta e}$ は8の字の放射指向性，$E_{\phi e}$ はまゆを少しつぶしたようなほぼ円形の放射指向性になる．ここで $E_{\theta e}$ と $E_{\phi e}$ において，その係数に $2\pi a = \lambda$ を代入すると，1波長ループアンテナの遠方放射電界と一致する．この結果から，理論的にスパイラルリングアンテナは1波長ループアンテナと同様の放射電界特性を有することがわかる．

次に，磁流成分 I_θ による遠方放射磁界は，次の式(3.24)で計算できる．

3.4 電磁界放射型のアンテナ

$$\begin{cases} E_{\theta m} = -j30\pi \dfrac{n}{2}\left(\dfrac{2\pi s^2}{\lambda}\right) I_0 \dfrac{e^{-jkr}}{r} \times 2J_1'(ka\sin\theta)\cos\phi \\ E_{\phi m} = -j30\pi \dfrac{n}{2}\left(\dfrac{2\pi s^2}{\lambda}\right) I_0 \dfrac{e^{-jkr}}{r} \times \dfrac{2J_1(ka\sin\theta)}{(ka\sin\theta)}\cos\theta\sin\phi \end{cases} \quad (3.24)$$

$E_{\theta m}$ はほぼ円形の放射指向性，$E_{\phi m}$ は8の字の放射指向性になる．

磁流からの放射を大きくするには，微小ループアンテナの断面積（$2\pi s^2$）を大きくすればよいことがわかる．スパイラルリングアンテナの断面を方形にして，電流と磁流からの放射のレベルを等しくした変形**スパイラルリングアンテナ**が，長谷部望氏（日本大学）と吉田勝氏（当時日本大学大学院，現在峰光電子）により提案されている（1999年，日本大学理工学部学術講演会，M 49）．

3.4.4　放射抵抗と指向性利得

スパイラルリングアンテナの放射抵抗と指向性利得は，次の式(3.25)と式(3.26)を用いて求められる．

$$R_a = \frac{1}{120\pi I_0^2} \int (|E_{\theta e} + E_{\theta m}|^2 + |E_{\phi e} + E_{\phi m}|^2) ds \quad (3.25)$$

$$Gd = \frac{4\pi(|E_{\theta e} + E_{\theta m}|^2 + |E_{\phi e} + E_{\phi m}|^2)}{\int (|E_{\theta e} + E_{\theta m}|^2 + |E_{\phi e} + E_{\phi m}|^2) d\Omega} \quad (3.26)$$

第4章

給電線

　アンテナとは，電磁波を空間に効率よく送出し，また空間に飛び交っている電磁波を効率よくかき集めるパッシブな素子である．アンテナは単体では動作することはできず，無線通信機とペアで使うものである．そのアンテナと無線通信機の間を接続する伝送線を**給電線**（フィーダ：Feeder）という．

　2.2節で述べたように，すべての電子回路はインピーダンスという概念で表される．アンテナも給電線も無線通信機も，その入出力端子を外部から見ると，インピーダンスの $Z_* = R_* + jX_*$ で表される．このときアンテナは，共振状態ではその給電点インピーダンスは抵抗成分 R_L のみとなり，リアクタンス成分 X_L は $0\,[\Omega]$ となる．また，無線通信機のアンテナ接続端子のインピーダンスも抵抗成

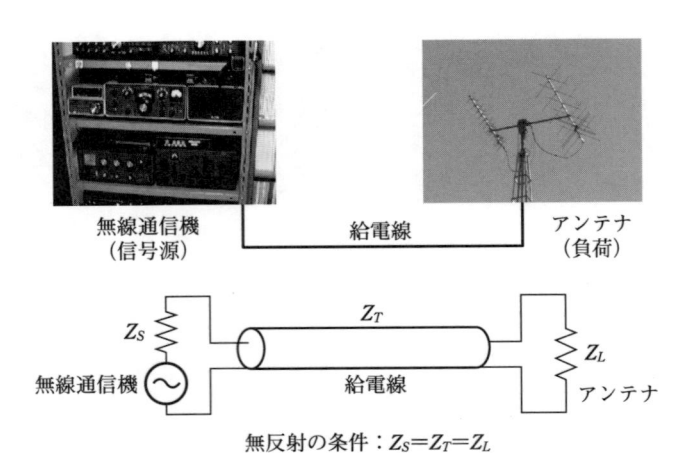

無反射の条件：$Z_S = Z_T = Z_L$

図 4.1　アンテナから効率よく電波が放射される条件

分 R_S のみで，リアクタンス成分 X_S は $0\,[\Omega]$ として設計されている．

　送信機から送出される電力がアンテナから効率よく放射される条件とは，図 4.1 に示すように，アンテナの給電点インピーダンス (Z_L)，送信機のアンテナ接続端子のインピーダンス (Z_S)，給電線のインピーダンス（特性インピーダンス Z_T）の 3 者が等しいときである．インピーダンスの異なる二つの回路を接続すると，その接続点で反射が起こる．その反射がエネルギーの伝送効率を低下させるので，反射はない方がよい．

　アンテナは，その形状により給電点のインピーダンスが異なるので，必要に応じて，アンテナの給電点インピーダンスと給電線のインピーダンスを合わせるためのインピーダンス整合回路を設ける．インピーダンス整合については第 5 章で述べる．以下に，代表的な給電線と各々の特性インピーダンス Z_T について述べる．

4.1　平行二線

　平行二線は**平行線路**や**レッヘル線**とも呼ばれ，代表的な平衡型の伝送線路である．平行二線では，2 本の線を逆向きに電流が流れているため，磁界が逆向きで打ち消し合うので放射は起こらない．特性インピーダンス Z_T は，導線の直径を d，導線間の距離を D とすると，

$$Z_T = 120 \ln\left(\frac{D}{d} + \sqrt{\left(\frac{D}{d}\right)^2 - 1}\right) \,[\Omega] \tag{4.1}$$

で概略値が求められる．$d \ll D$ のときには以下の近似式で簡単に計算してもよ

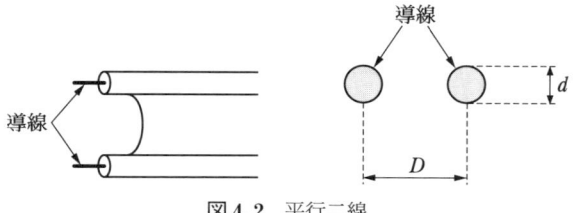

図 4.2　平行二線

い．

$$Z_T = 120 \ln\left(\frac{2D}{d}\right) \,[\Omega] \tag{4.2}$$

4.2　同軸線路

同軸線路は**同軸ケーブル**や**シールド線**とも呼ばれ，図 4.3 に示すような不平衡型の伝送線路である．通常は外部導体を接地して用いる．内部導体の直径を a，外部導体の内径を b，内部導体と外部導体の間に充填されている材質の比誘電率を ε_r とすると，特性インピーダンス Z_T の概略値は，

$$Z_T = \frac{60}{\sqrt{\varepsilon_r}} \ln\left(\frac{b}{a}\right) \,[\Omega] \tag{4.3}$$

で求められる．

　市販品では，特性インピーダンスが 50 Ω と 75 Ω の規格の同軸ケーブルが広く用いられている．国産の市販品の同軸ケーブルは，例えば 3 C 2 V，5 D 2 W などの名称がつけられている．その名称は，表 4.1 に示すように決められている．

　アメリカ製の同軸ケーブルには，RG-58 A/U などの名前がつけられている．**RG** は Radio Guide，**58 A** は規格登録番号，**U** は Universal を意味する．よく用いられるものとしては，50 Ω 系の RG-58 A/U，73 Ω 系の RG-59/U などがある．

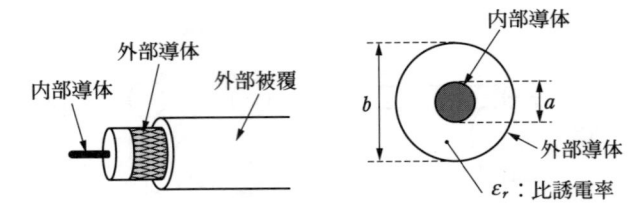

図 4.3　同軸線路

表 4.1 同軸ケーブルの名称（国産）

第1文字目	外部導体内径〔mm〕
第2文字目	特性インピーダンス（C：75 Ω，D：50 Ω）
第3文字目	絶縁方式（2：ポリエチレン）
第4文字目	編組＋外部被覆形式 　　N：一重外部導体編組＋ナイロン編組 　　V：一重外部導体編組＋PVC 被覆 　　W：二重外部導体編組＋PVC 被覆 　　Z：一重外部導体編組のみ
ケーブルの色	50 Ω 系は灰色，75 Ω 系は黒色
静電容量	50 Ω 系は 100 pF/m，75 Ω 系は 67 pF/m

4.3　ストリップ線路

ストリップ線路には，マイクロストリップ線路と平衡型ストリップ線路がある．主に UHF 帯〜SHF 帯の領域で，無線通信機の内部で電子回路とアンテナ端子や筐体にとりつけたアンテナまでの伝送路として用いられる．

4.3.1　マイクロストリップ線路

図 4.4 に示す構造のマイクロストリップ線路は，片側が空間にさらされているのでそこで放射損が生じ，他の伝送線路に比べると伝送損失が大きい．

特性インピーダンス Z_T の概略値は，基板の各寸法を図 4.4 のようにして，基板の比誘電率を ε_r としたときに，以下の近似式で求められる．

$$Z_T = \frac{120\pi}{\left(\dfrac{W}{h}+1\right)\sqrt{\varepsilon_r+\sqrt{\varepsilon_r}}} \ [\Omega] \tag{4.4}$$

4.3.2　平衡型ストリップ線路

図 4.5 に示す構造の平衡型ストリップ線路は，基板内に電磁界を閉じ込めるこ

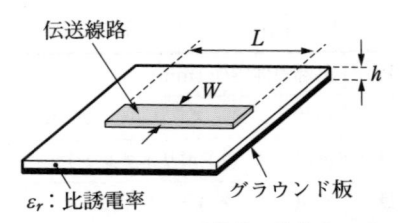

図 4.4 マイクロストリップ線路の特性インピーダンス

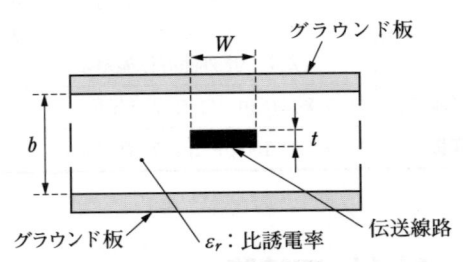

図 4.5 平衡型ストリップ線路の特性インピーダンス

とができるため，マイクロストリップ線路よりも伝送損失は小さい．

特性インピーダンス Z_T の概略値は，基板の各寸法を図のようにして，基板の比誘電率を ε_r としたときに，以下の近似式で求められる．

$$Z_T = \frac{60}{\sqrt{\varepsilon_r}} \ln\left(\frac{4b}{\pi d}\right) \, [\Omega] \tag{4.5}$$

このとき，d は以下の式で与えられる．

$$d = \frac{W}{2}\left[1 + \frac{t}{W}\left\{1 + \ln\left(\frac{4\pi W}{t}\right) + \left(\frac{\pi}{2}\right)\left(\frac{t}{W}\right)^2\right\}\right] \tag{4.6}$$

4.4　導波管

導波管は，完全導体で囲まれた内部空間を電磁波が伝搬するものである．特徴として低損失であるが，寸法に対応して定まる遮断周波数が存在し，実際にはその周波数の 1.2 倍程度の周波数よりも高い周波数で使用する

表 4.2 に導波管の規格を示す。導体に電流が流れるタイプの伝送線路では，周波数が高くなるとどうしても損失が大きくなるので，マイクロ波帯やミリ波帯では，導波管が広く用いられている。

特性インピーダンス Z_T の概略値と遮断周波数 f_c は，導波管の各寸法を図 4.6 のようにとり，自由空間での 1 波長を λ，導波管内での 1 波長を λ_g，自由空間特性インピーダンスを 377 [Ω] とすると，以下の式で求められる。

表 4.2 導波管の規格

WR 番号	使用周波数範囲 [GHz]	E [inch]	H [inch]	e [inch]	h [inch]	t [inch]
650	1.12〜1.7	3.41	6.66	3.25	6.5	0.08
430	1.7〜2.6	2.31	4.46	2.15	4.3	0.08
340	2.2〜3.3	1.86	3.56	1.7	3.4	0.08
284	2.6〜3.95	1.5	3	1.34	2.84	0.08
229	3.3〜4.9	1.273	2.418	1.145	2.29	0.064
187	3.95〜5.85	1	2	0.872	1.872	0.064
159	4.9〜7.05	0.923	1.718	0.759	1.59	0.064
137	5.85〜8.2	0.75	1.5	0.622	1.372	0.064
102	7〜11	0.61	1.12	0.51	1.02	0.05
90	8.2〜12.4	0.5	1	0.4	0.9	0.05
75	10〜15	0.475	0.85	0.375	0.75	0.05
42	18〜26.5	0.25	0.5	0.17	0.42	0.04
34	22〜33	0.25	0.42	0.17	0.34	0.04
22	33〜50	0.192	0.304	0.112	0.224	0.04
19	40〜60	0.174	0.268	0.094	0.188	0.04
12	60〜90	0.141	0.202	0.061	0.122	0.04
10	75〜110	0.13	0.18	0.05	0.1	0.04
8	90〜140	0.12	0.16	0.04	0.08	0.04
7	110〜170	0.098	0.13	0.033	0.065	0.033
5	140〜220	0.091	0.116	0.026	0.051	0.033

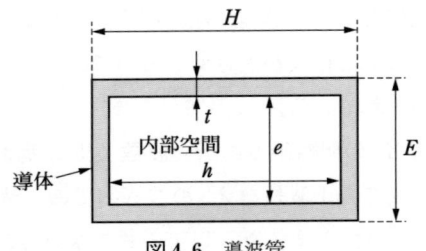

図 4.6　導波管

$$Z_T = 377\left(\frac{e}{h}\right)\left(\frac{\lambda_g}{\lambda}\right) [\Omega] \tag{4.7}$$

$$f_c = \frac{300(m)}{2h} \tag{4.8}$$

第5章

給電方法

本章では，アンテナに高周波電力を供給する方法について述べる．

5.1 平衡と不平衡

アンテナの給電点に高周波信号を供給する方法には，図 5.1 に示すように**平衡給電型**と**不平衡給電型**がある．これは，アンテナ素子や給電線上の高周波電圧，高周波電流がグラウンドに対して平衡（バランス）しているか，または不平衡（アンバランス）になっているかによる分類である．

5.1.1 平衡給電型

平衡給電型のアンテナでは，給電点の二つの端子の片方に $+V$ の高周波電圧を印加する場合は，他方には逆電圧の $-V$ の高周波電圧を印加する．図 5.2 に

高周波電圧$=+V$
高周波電圧$=-V$
平衡
高周波電流
平衡型アンテナ

高周波電圧$=+V$
高周波電圧$=0$
不平衡
高周波電流
不平衡型アンテナ

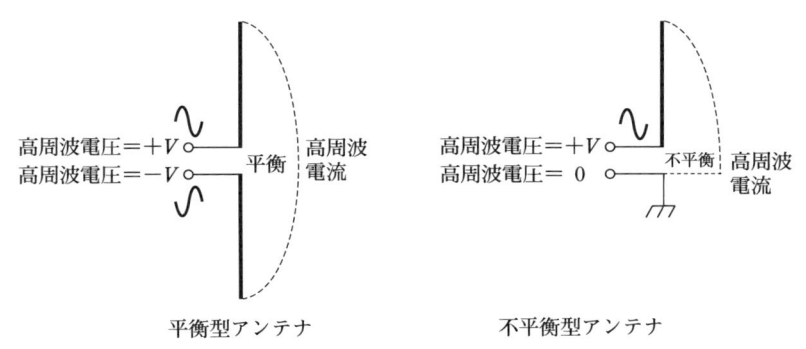

図 5.1　平衡給電と不平衡給電

示すダイポールアンテナは，平衡給電型の代表的なアンテナである．第4章で述べた給電線では，**平行二線**が平衡型給電線になっている．

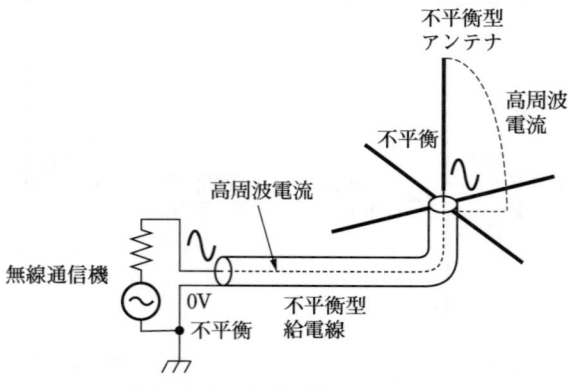

5.1.2　不平衡給電型

　不平衡給電型のアンテナでは，給電点の二つの端子のうち放射アンテナ素子が接続されている方に高周波電圧を印加するが，他方には高周波電圧は印加せず，0Vの電位とする．図5.3に示す接地型のモノポールアンテナは，不平衡給電型の代表的なアンテナである．給電線では，**同軸ケーブル**や**マイクロストリップ線路**が不平衡型給電線になる．

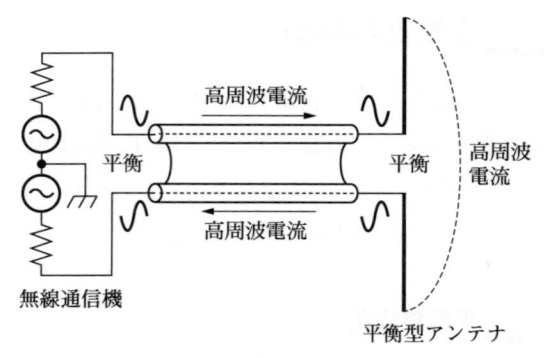

図5.2　平衡給電型のアンテナ

図5.3　不平衡給電型のアンテナ

5.1.3　バラン

近年では，給電線に不平衡型の同軸ケーブルが非常に普及してきた．この不平衡型の給電線で平衡型のアンテナに不平衡な高周波電力を供給すると，図 5.4 に示すように，アンテナ素子上の高周波電流の分布が非対称となり，放射パタンを乱したり同軸ケーブルの外被導体に電流が流れるなどの不具合を生じる．そこで，給電線とアンテナの給電点の間に，図 5.5 に示すような**バラン**（BALUN：BALance to UNbalance transformer）と呼ばれる平衡と不平衡の変換回路を挿入する．バランを挿入することにより，平衡型アンテナの放射素子の電流分布が対称になる．

バランの回路例を図 5.6 に示し，各回路の説明を以下に述べる．

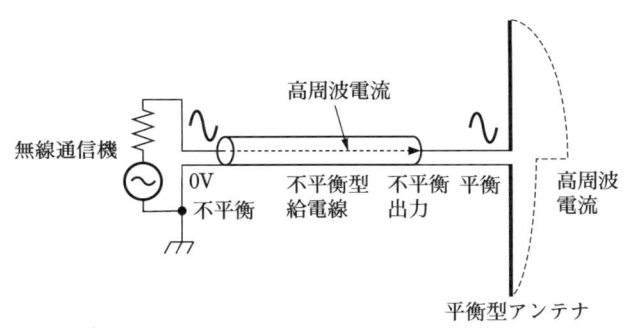

図 5.4　平衡給電型アンテナと不平衡型給電線の接続

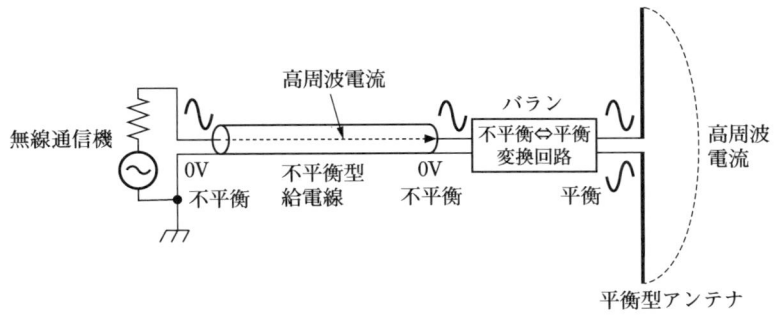

図 5.5　バラン

(a) ブリッジ型バラン

コイルは位相が 90 度遅れ，コンデンサは位相が 90 度進むという特性を利用したバランである．バランを使用する周波数を f，不平衡端子側のインピーダンスを Z_1，平衡端子側のインピーダンスを Z_2，図中のコイルのインダクタンスを L，

（a）ブリッジ型バラン　　　　　（b）はしご型バラン

（c）トロイダルコアを用いたバラン　　（d）シュペルトップ型バラン

（e）分岐導体を用いたバラン　　　　（f）U バラン

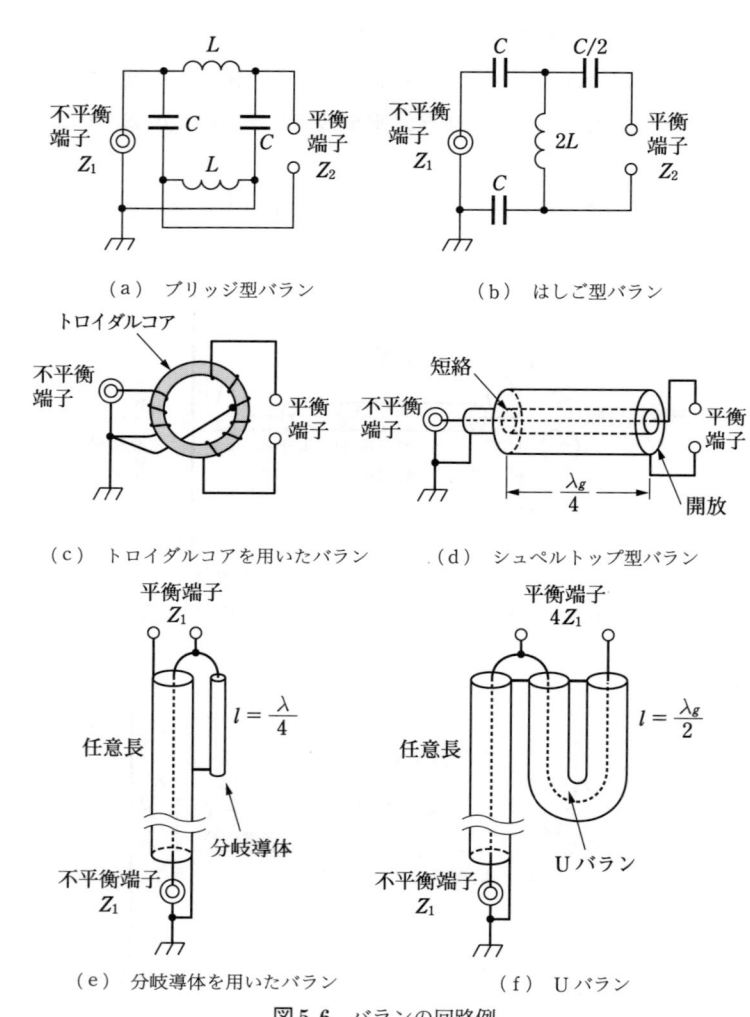

図 5.6　バランの回路例

コンデンサの静電容量を C とすると，以下の関係がある．

$$\begin{cases} f = \dfrac{1}{2\pi\sqrt{LC}} \\ Z_1 Z_2 = \dfrac{L}{C} \end{cases} \tag{5.1}$$

(b) はしご型バラン

ブリッジ型バランと同様に，コイルとコンデンサの特性を利用したバランである．図中のコイルのインダクタンスを L，コンデンサの静電容量を C とすると，以下の関係がある．

$$\begin{cases} f = \dfrac{1}{2\pi\sqrt{LC}} \\ Z_1 Z_2 = \dfrac{4L}{C} \end{cases} \tag{5.2}$$

(c) トロイダルコアを用いたバラン

トロイダルコアに導線を巻いて，広帯域のバランを作ることができる．トロイダルコアの周波数特性から，主に HF 帯～VHF 帯で用いられている．供給する高周波の電力が大きいときは，トロイダルコアの耐電力特性に注意を払う必要がある．

トロイダルコアに巻く導線は，テフロン被覆導線が適している．トロイダルコアでバランを作る場合には，そこに巻く導線は，図 5.7 に示すように，2本のテフロン被覆導線をツイストペア状によじる**バイファイラ巻き**と，同様に 3 本のテフロン被覆導線をよじる**トリファイラ巻き**などがある．テフロン被覆導線の太さは，導線の連続定格の安全電流密度を 2 A/mm² とすると，例えば 100 W の電力を供給する 50 Ω のアンテナをつないだときに導線に流れる高周波電流は，100〔W〕$= I^2 \cdot 50$〔Ω〕より $I = 1.4$ A となるので，断面積が 0.7 mm² 以上の導線を用いればよいことになる．

バランに用いるトロイダルコアには，高い透磁率を有する**ニッケル亜鉛系コア**が適している．入手が容易な米国アミドン社の FT シリーズがこのコアに相当している．以下に，FT-240-#43（FT-240 の外形は 2.4 インチ，内径は 1.4 イン

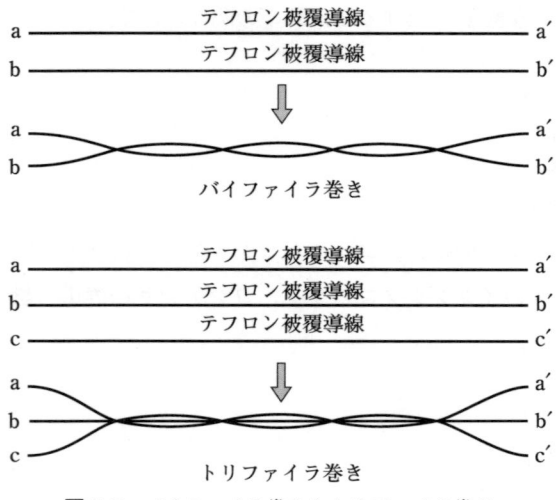

```
a ──────── テフロン被覆導線 ──────── a'
b ──────── テフロン被覆導線 ──────── b'
              ⇓
a ╲╱╲╱╲╱╲╱╲╱ a'
b ╱╲╱╲╱╲╱╲╱╲ b'
         バイファイラ巻き

a ──────── テフロン被覆導線 ──────── a'
b ──────── テフロン被覆導線 ──────── b'
c ──────── テフロン被覆導線 ──────── c'
              ⇓
a             a'
b             b'
c             c'
         トリファイラ巻き
```

図5.7 バイファイラ巻きとトリファイラ巻き

チ,バランとしての耐電力は数 kW,AL 値は 1,240〔mH/1,000 turns〕,#43 材の透磁率 μ=850)を用い,1.8〜30 MHz で使用できるバランの製作例を示す.

トロイダルコアを用いたバランには次の2種類がある.

トロイダルコアを用いた電圧型バラン:電圧型バランは広帯域で損失が少なく,大電力を扱えるバランである.図 5.8 に,不平衡側端子のインピーダンス Z_a が 50 Ω,平衡側端子のインピーダンス Z_b が 50 Ω,インピーダンス比が 1:1 のバランを示す.トロイダルコアにトリファイラ巻きの導線を巻いて作る.導線の巻き数の目安は,使用最低周波数でトロイダルコアに巻いたコイルのインピーダンス Z が,$\sqrt{Z_a \times Z_b} = \sqrt{50 \times 50} = 50$〔Ω〕の 5 倍程度(250 Ω)になるようにする.例えば,f=1.8 MHz で 250 Ω となるインダクタンスは,

$$L = \frac{Z}{2\pi f} = \frac{250}{2 \times \pi \times 1.8 \times 10^6} = 0.022 \, [\text{mH}] \tag{5.3}$$

となる.FT-240-#43 の AL 値は 1,240 mH/1,000 turns なので,0.022 mH のインダクタンスを得るために必要な巻き数 N は,

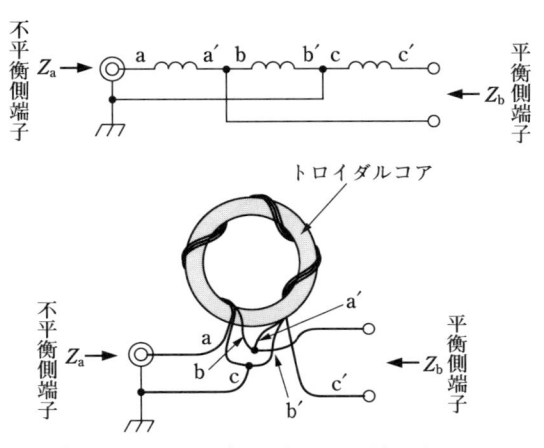

図5.8 インピーダンス比1:1の電圧型バラン

$$N = 1{,}000\sqrt{\frac{L\,[\mathrm{mH}]}{AL\,[\mathrm{mH}/1{,}000\,\mathrm{turns}]}}$$
$$= 1{,}000\sqrt{\frac{0.022}{1{,}240}} \fallingdotseq 4.2 \tag{5.4}$$

より，4回巻きとする．

図5.9に，不平衡側端子のインピーダンス Z_a が50Ω，平衡側端子のインピーダンス Z_b が200Ω，インピーダンス比が1:4のバランを示す．トロイダルコアにバイファイラ巻きの導線を巻いて作る．導線の巻き数の目安は，使用最低周波数でトロイダルコアに巻いたコイルのインピーダンス Z が，$\sqrt{Z_a \times Z_b}$ $= \sqrt{50 \times 200} = 100\,[\Omega]$ の5倍程度（500Ω）になるようにする．$f=1.8\,\mathrm{MHz}$ で500Ωとなるインダクタンスは，

$$L = \frac{Z}{2\pi f} = \frac{500}{2 \times \pi \times 1.8 \times 10^6} = 0.044\,[\mathrm{mH}] \tag{5.5}$$

となる．FT-240-#43のAL値は1,240 mH/1,000 turnsなので，0.044 mHのインダクタンスを得るために必要な巻き数 N は，

$$N = 1{,}000\sqrt{\frac{L\,[\mathrm{mH}]}{AL\,[\mathrm{mH}/1{,}000\,\mathrm{turns}]}}$$

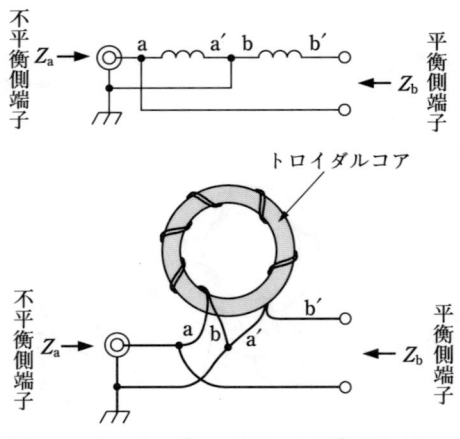

図 5.9　インピーダンス比 1：4 の電圧型バラン

$$=1{,}000\sqrt{\frac{0.044}{1{,}240}} \fallingdotseq 5.9 \tag{5.6}$$

より，6 回巻きとする．

トロイダルコアを用いた電流型バラン：電流型バランは，フロートバラン（Float Balun）やソータバラン（Sort a Balun）とも呼ばれ，その動作はアイソレーショントランスに似ている．トロイダルコアに巻いた導線のインダクタンスが大きくなれば，端子間のアイソレーション量は大きくなる．

図 5.10 に，不平衡側端子のインピーダンス Z_a が 50 Ω，平衡側端子のインピーダンス Z_b が 50 Ω，インピーダンス比が 1：1 の電流型バランを示す．トロイダルコア FT-240-#43 にバイファイラ巻きの導線を 12 回巻く．

次に図 5.11 に，不平衡側端子のインピーダンス Z_a が 50 Ω，平衡側端子のインピーダンス Z_b が 200 Ω，インピーダンス比が 1：4 の電流型バランを示す．これは，前述の図 5.10 のトロイダルコアを用いた電流バランを 2 個用い，図 5.11 のように結線する．

（d）シュペルトップ型バラン

バランの目的は，不平衡型の同軸ケーブルに平衡型のアンテナを接続したとき

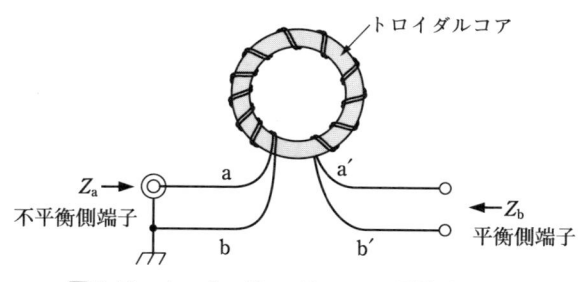

図5.10　インピーダンス比1:1の電流型バラン

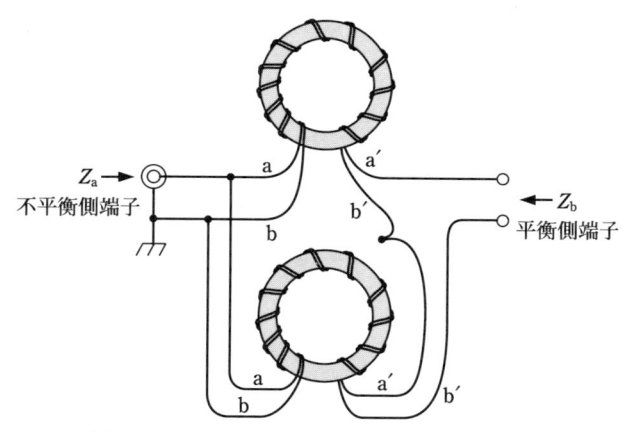

図5.11　インピーダンス比1:4の電流型バラン

に，その外導体に電流が流れることを阻止するためと考えてもよい．図5.6の(d)に示す**シュペルトップ型バラン**は，同軸ケーブルの外導体の外部に一端を短絡した，長さが $\lambda_g/4$（λ_g は自由空間での1波長に同軸ケーブルの波長短縮率を乗じたもの）となる円筒導体をとりつけたものである．このバランは，円筒導体の共振を利用するため，狭い周波数特性となる．

(e) 分岐導体を用いたバラン

　このバランは，図5.6の(e)に示すように，同軸ケーブルの中心導体に長さが $\lambda/4$（λ は自由空間での1波長）の分岐導体を付加し，その下端を同軸ケーブルの外被導体に短絡することによりアンテナ電流のアンバランスをなくすように動

作する．シュペルトップ型バランに比べると，使用できる周波数帯域はいくぶん広くなる．

(f) U バラン

このバランは，電気長が $\lambda_g/2$（λ_g は空間での1波長に同軸ケーブルの波長短縮率を乗じたもの）の同軸ケーブルを図5.6の(f)のように接続したものである．長さが $\lambda_g/2$ の同軸ケーブルを迂回することにより，高周波電圧も高周波電流も位相が180度反転するので，ここで不平衡と平衡の変換が行われる．不平衡端子の中心導体と外被導体間の電圧よりも，平衡端子間の端子間電圧は2倍になるので，このバランの平衡側のインピーダンスは不平衡側のインピーダンスの4倍になる．

5.2　アンテナ長と給電点インピーダンスの関係

図5.12に，一般的なアンテナの**等価回路**を示す．アンテナのインピーダンス Z は，

$$Z = R + j\left(\omega L - \frac{1}{\omega C}\right) \tag{5.7}$$

で表される．ここで，Z の実数部である R は，**放射抵抗** R_a と**損失抵抗** R_L の和である抵抗成分として与えられ，放射抵抗は電波の放射に対して有効であるが，損失抵抗はアンテナに供給された高周波電力が熱損失として消費されるため，損失抵抗はできる限り小さいほうが望ましい．

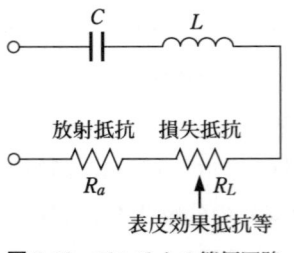

図 5.12　アンテナの等価回路

5.2 アンテナ長と給電点インピーダンスの関係

リアクタンス成分 $j\left(\omega L - \dfrac{1}{\omega C}\right)$ は電力的には損失となるので，このリアクタンス成分は 0 にする．すなわち，$\omega L = \dfrac{1}{\omega C}$ として，$Z = R$ となるように抵抗値を等しくすることが高周波電力を最大限に取り出す条件となる．

ここで，図 5.13 に示すモノポールアンテナを例に，アンテナの長さとインピーダンスの関係を説明する．

アンテナの素子寸法が使用する周波数の 1/4 波長と等しいとき（実際には若干素子長が短くなる．第 6 章の式(6.1)を参照）は，リアクタンス成分（jX）が 0 となる．これを，アンテナが使用したい周波数で**共振**しているという．このときのアンテナの給電点インピーダンスは，$Z = R$ の抵抗成分のみとなる．

アンテナの素子寸法が使用する周波数の 1/4 波長よりも長い場合は，$\omega L > \dfrac{1}{\omega C}$ となり，$+jX$（インダクタンス成分）をもつため，アンテナの長さを短くする必要が生じる．しかし，すでにアンテナの長さが決まっていて変更ができない場合は，直列に $-jX$（キャパシタンス成分）であるコンデンサを挿入することによって，リアクタンス成分をキャンセルすることもできる．

アンテナの長さが使用する周波数の 1/4 波長よりも短い場合は，$\omega L < \dfrac{1}{\omega C}$ と

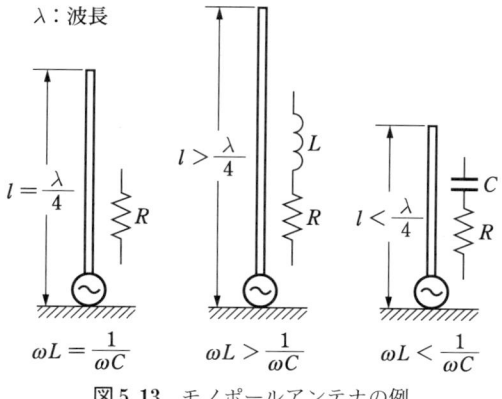

図 5.13 モノポールアンテナの例

なり，$-jX$（キャパシタンス成分）をもつため，アンテナの長さを長くする必要がある．しかし，アンテナの長さが変更できないのであれば，直列に $+jX$（インダクタンス成分）であるコイルを挿入することによって，リアクタンス成分をキャンセルすることもできる．

上記の各操作でリアクタンス成分が 0 となったら，次のステップとして効率よくアンテナからの放射を行うように，抵抗成分 R と給電線とのインピーダンス整合を行う．

5.3 インピーダンス整合回路

送信機から送出される電力がアンテナから効率よく放射される条件は，アンテナの給電点インピーダンス (Z_L)，送信機のアンテナ接続端子のインピーダンス (Z_S)，給電線のインピーダンス（特性インピーダンス Z_T）の 3 者が等しいことである．しかしアンテナは，その形状により給電点のインピーダンス (Z_L) が異なるので，必要に応じてアンテナの給電点インピーダンス (Z_L) と給電線のインピーダンス (Z_T) を合わせるための**インピーダンス整合回路**を設置する．図 5.14 に示すように，アンテナの給電点にインピーダンス変換回路を挿入し，そこでアンテナの給電点インピーダンス (Z_L) を給電線側ではインピーダンスを Z_T に変換する．その結果，インピーダンス整合回路の給電線側の入力インピーダンス

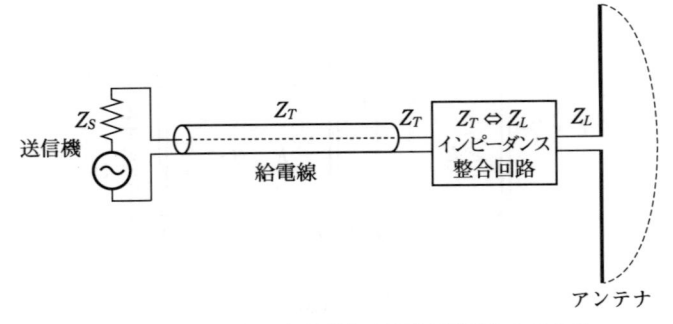

図 5.14 アンテナから効率よく電波が放射される条件

5.3 インピーダンス整合回路

(Z_T)と，送信機のアンテナ接続端子のインピーダンス (Z_S)，給電線のインピーダンス（特性インピーダンス Z_T）の3者が等しくなって，アンテナから効率よく電波が送出されるようになる．

5.3.1 ガンママッチング方式

図 5.15 に**ガンママッチング方式**のインピーダンス整合回路（以下**ガンママッチ**と呼ぶ）を示す．現在，アンテナの給電線としては，特性インピーダンスが 50 Ω の不平衡型の同軸ケーブルが普及している．また，無線通信機のアンテナ端子のインピーダンスも，それに合わせて 50 Ω が主流になっている．八木・宇田アンテナの放射器に用いられるダイポールアンテナは，本来平衡型のアンテナなので，ガンママッチのような回路を付加して不平衡型の同軸ケーブルを直接接続できるようにし，かつインピーダンス整合も同時に行う．

ガンママッチは，長さ l の平行線路（**ガンマロッド**）がアンテナ素子の中心から片側方向のアンテナに付加され，その終端は**ショートバー**で短絡されている．この平行線路の特性インピーダンスを Z_0，$\beta = \dfrac{(2\pi)}{\lambda}$ とすると，ガンママッチのインピーダンス Z_l は，

$$Z_l = Z_0 \frac{0 \times \cos(\beta l) + jZ_0 \sin(\beta l)}{Z_0 \cos(\beta l) + j\{0 \times \sin(\beta l)\}} = jZ_0 \tan(\beta l) \tag{5.8}$$

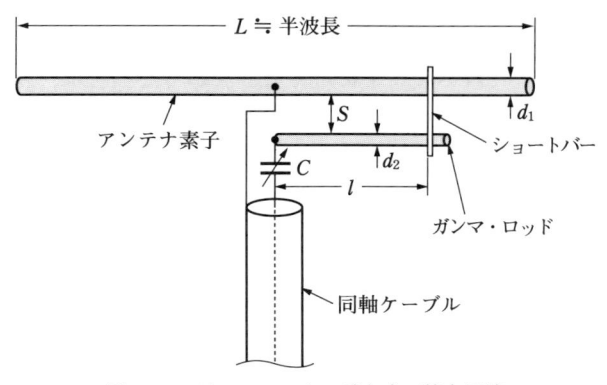

図 5.15 ガンママッチング方式の整合回路

で与えられる．l の長さが 1/4 波長以下の場合は，Z_l は誘導性のリアクタンス（$+jX$）になる．この誘導性のリアクタンスを打ち消すために，ガンママッチでは直列に容量性リアクタンス（$-jX$）のコンデンサ C を挿入する．ガンママッチ部分も実際には電波を放射するアンテナの一部と考えられるので，そこには放射抵抗が存在する．この放射抵抗が同軸ケーブルの特性インピーダンスと等しくなれば，効率よく電波が放射される．

具体的にガンママッチの実現方法を説明する．ガンママッチでは，d_1/d_2 の比，S の距離，l の長さが大きいほど給電点インピーダンスは高くなる．給電部分に入っている可変コンデンサ C で，ガンママッチ部分が有する誘導性リアクタンスを打ち消すように調整する．

この調整方法は，まず可変コンデンサ C を短絡し，給電点にできるだけ近い位置に VSWR 計を挿入する．このとき，VSWR 計の値が最も低くなる周波数がこのアンテナの共振周波数になる．この共振周波数が自分の希望した周波数より高ければアンテナ素子を長くし，逆に希望する周波数より低いときはアンテナ素子を短くする．この調整で，アンテナの共振周波数を所望の周波数に合わせることができる．

次に，短絡していた可変コンデンサ C の短絡線をはずし，共振周波数の高周波信号を送信機からアンテナに供給する．そして，VSWR 計を確認しながら C の容量を変化させ，VSWR 計の値が 1 に近くなるようにする．これで，アンテナと給電線間のインピーダンス整合が取れたことになる．

このときに，VSWR 計の値が 1 に近くならなかった場合は，ガンママッチのショートバーの位置 l を少し変化させて再度固定し，それから再度コンデンサ C の容量を調整し，VSWR の値を確認する．もし，l の長さを短くして VSWR の値が低くなるのであれば，l の長さを短くしながらこの調整を繰り返し，VSWR 計の値が 1 に近づく位置でショートバーを固定する．逆に，l の長さを短くして VSWR の値が高くなるようであれば，l の長さを長い方向にし，VSWR の値が 1 になる点を探してショートバーを固定する．

ガンママッチの寸法は放射素子の給電点インピーダンスに依存する．設計周波

5.3 インピーダンス整合回路

表5.1 ガンママッチの参考寸法

アンテナ素子径 d_1：ガンマ・ロッド径 d_2	2：1〜3：1
アンテナ素子とガンマ・ロッド間距離 S	約 0.007λ
ガンマ・ロッド長さ l	$0.04\lambda \sim 0.05\lambda$
コンデンサ容量 C〔pF〕	7〔pF/m〕$\times \lambda$

数の波長をλ〔m〕とすると，設計寸法とコンデンサの容量の目安は表5.1のようになる．

5.3.2 オメガマッチング方式

ガンママッチの調整では，その都度ショートバーの位置lを変化させて固定するという作業が発生するが，この「ショートバーの位置lを変化させ固定する」という作業の調整はけっこう手間がかかる．そこで，つまみを回転させるだけの感覚で，等価的にこの作業を可変コンデンサで行ってしまうのが，図5.16に示す**オメガマッチング方式**（以下**オメガマッチ**と呼ぶ）である．図中の可変コンデンサC_1の値を変えることが，ショートバーの位置を移動させることに相当する．しかし，高周波特性が良く耐電圧の高い可変コンデンサは高価であり，最近では入手も難しいところがあるが，オメガマッチを体験してしまうと，調整が簡

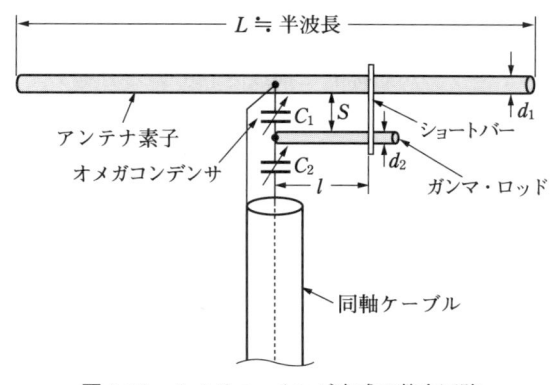

図5.16 オメガマッチング方式の整合回路

表5.2 オメガマッチの参考寸法

アンテナ素子径 d_1：ガンマ・ロッド径 d_2	$2:1 \sim 3:1$
アンテナ素子とガンマ・ロッド間距離 S	約 0.007λ
ガンマ・ロッド長さ l	$0.02\lambda \sim 0.025\lambda$
コンデンサ容量 C_1 [pF]	2 [pF/m] $\times \lambda$
コンデンサ容量 C_2 [pF]	7 [pF/m] $\times \lambda$

単なガンママッチですらも手間に感じてしまうくらい簡単にインピーダンス整合の調整が行える．ガンママッチとオメガマッチの寸法はほとんど変わらないが，l の長さだけはガンママッチの約 1/2 となっている．

オメガマッチの寸法は，ガンママッチ同様に放射素子の給電点インピーダンスに依存する．設計周波数の波長を λ [m] とすると，設計寸法とコンデンサの容量の目安は表 5.2 のようになる．

5.3.3　Tマッチング方式

ダイポールアンテナは，本来平衡型アンテナである．前述のオメガマッチやガンママッチはそのもの自体がアンテナの一部となり，アンテナ素子の形状が非対称になるため，放射パタンにわずかではあるが偏りがでてくる．そこで，本来の平衡型アンテナとしての給電を行い，インピーダンス整合を行うものが，図 5.17 と図 5.18 に示すような **Tマッチング方式**（以下 **Tマッチ** と呼ぶ）である．Tマッチは，ガンママッチが対称的に構成されていると考えてよい．図 5.17 に平衡型の平行二線で給電する例を，図 5.18 にインピーダンス比を $4:1$ にするバラン（アンテナ素子側のインピーダンスが高く，平衡・不平衡変換を行う回路）を介して同軸ケーブルで給電する例を示す．このインピーダンス比を $4:1$ にするバランには，図 5.6(f) のUバランや図 5.9，図 5.11 のトロイダルコアを用いたバランなどが使用できる．

Tマッチではガンママッチと同様に，長さ l の平行線路がアンテナ素子の中心から左右対称にアンテナに付加され，その終端はショートバーで短絡されてい

5.3 インピーダンス整合回路

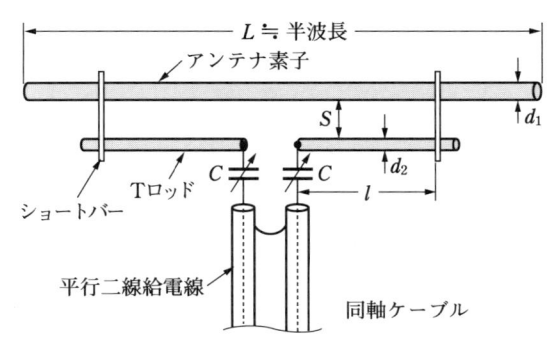

図 5.17 Tマッチング方式の整合回路（平行二線給電）

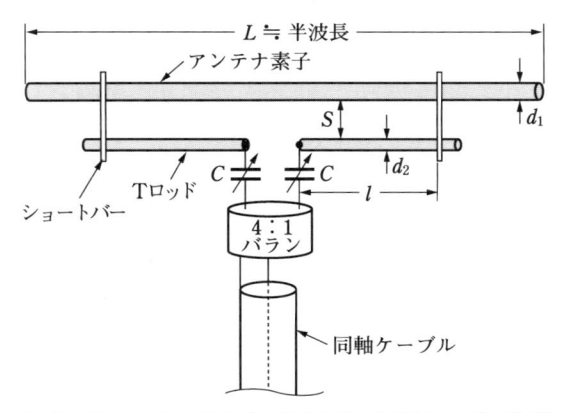

図 5.18 Tマッチング方式の整合回路（同軸ケーブル給電）

る．l の長さが 1/4 波長以下の場合は Z_1 は誘導性のリアクタンス（$+jX$）になるので，この誘導性のリアクタンスを打ち消すために，Tマッチでも直列に容量性リアクタンス（$-jX$）のコンデンサ C を挿入する．

　Tマッチは，図 5.19 に示す**フォールデッドダイポールアンテナ（折返しダイポールアンテナ）**の変形と考えてもよい．フォールデッドダイポールアンテナは，素子の径が $d_1 = d_2$ のときに，1/2 波長ダイポールアンテナの給電点インピーダンス（73 Ω）の 4 倍の給電点インピーダンス（292 Ω）になる．この給電点インピーダンスは $d_1 > d_2$ のときに高くなり，また，S の間隔が狭いほど給電点

インピーダンスを高くできる．Tマッチはこの特性を保持している．

5.3.4 ヘアピンマッチング方式

図 5.20 に**ヘアピンマッチング方式**（以下**ヘアピンマッチ**と呼ぶ）の概要を示す．アンテナ素子の長さは，共振している長さよりも少し短めにする．このとき，5.2 節で述べたように，アンテナの給電点インピーダンスは $Z = R - jX$ と容量性リアクタンス (C) を持つ．ヘアピンマッチでは，ヘアピンはインダクタンス，すなわち $+jX$ の誘導性リアクタンス (L) として動作する．ヘアピンマッチでは，アンテナ素子を中央で分割し，そこにこのヘアピンを取り付ける．この

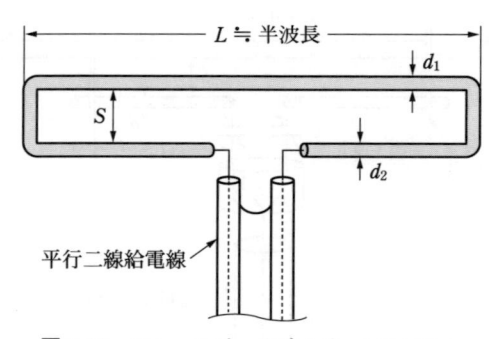

図 5.19　フォールデッドダイポールアンテナ

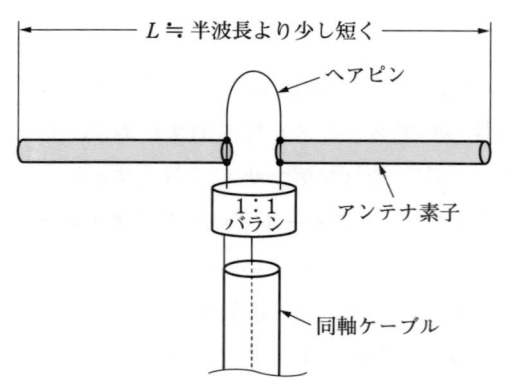

図 5.20　ヘアピンマッチング方式の整合回路

ときの C と L は，アンテナの所望の周波数での並列共振状態にする．ここで C と L の比率を変化させると，アンテナの給電点インピーダンスの抵抗成分 (R) も変化させることができる．ヘアピンマッチはこの特性を利用し，インピーダンス整合を行っている．

ヘアピンマッチでは，調整段階でヘアピンの長さ（インダクタンス）を変えるたびにアンテナ素子の全長も変えなければならないので，調整の手間がかかる．しかし構造が簡単なので，メーカー製のアンテナでも採用例が多い．

5.3.5 キャパシタンスマッチング方式

図5.21にキャパシタンスマッチング方式（以下キャパシタンスマッチと呼ぶ）の概要を示す．アンテナ素子の長さは，共振している長さよりも少し長めにする．このとき，5.2節で述べたように，アンテナの給電点インピーダンスは $Z = R + jX$ と誘導性リアクタンス (L) を持つ．キャパシタンスマッチでは，アンテナ素子を中央で分割し，その分割点から分割されたアンテナ素子（パイプで作る）の中に，バランから出ている2本の被覆導線を挿入する．このとき，アンテナ素子のパイプと被覆導線間の容量結合，すなわち $-jX$ の容量性リアクタンス (C) を利用してインピーダンス整合を行う．$-jX$ の容量性リアクタンス (C) を利用したときの C と L は，アンテナの所望の周波数での並列共振状態にする．ここで C と L の比率を変化させると，アンテナの給電点インピーダンスの抵抗

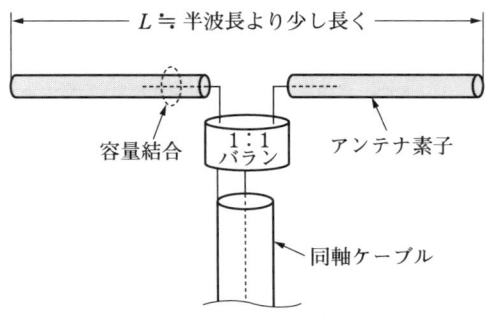

図5.21 キャパシタンスマッチング方式の整合回路

成分 (R) も変化させることができる．

5.3.6　Qマッチング方式

分布定数回路による抵抗成分のインピーダンス整合の代表的なものとして，図5.22に示すような長さが $\lambda_g/4$（λ_g は自由空間での1波長 λ に同軸ケーブルやマイクロストリップ線路の基板の実効誘電率で決まる波長短縮率を乗じたもの）の伝送線路を用いた Q マッチング方式（以下 Q マッチと呼ぶ）がある．伝送線路には，同軸ケーブルやマイクロストリップ線路を用いることができる．

$Z_1 \Leftrightarrow Z_3$ のインピーダンス変換を行うときの Q マッチに用いる伝送線路の特性インピーダンスを Z_2 とすると，その値は以下の式で簡単に求められる．

$$Z_2 = \sqrt{Z_1 \times Z_3} \tag{5.9}$$

5.3.7　集中定数回路によるインピーダンス整合回路

入出力インピーダンスが抵抗成分のみである集中定数回路によるインピーダンス整合回路の代表的なものに，図5.23に示す L 型マッチング回路がある．この回路は，コイル1個とコンデンサ1個で構成できる簡単な回路である．この回路のコンデンサとコイルの定数は，以下の式で求めることができる．ここで Q とは，図5.24に示すような，共振回路の特性を示すパラメータである．Q の値

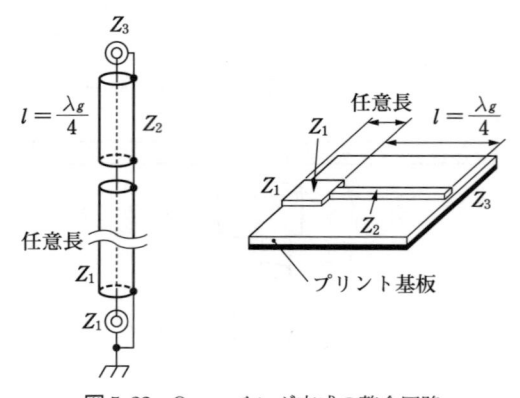

図5.22　Qマッチング方式の整合回路

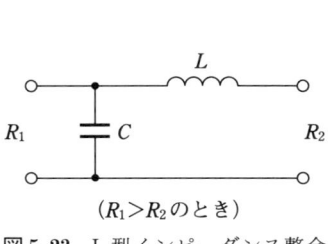

図5.23 L型インピーダンス整合回路 ($R_1>R_2$のとき)

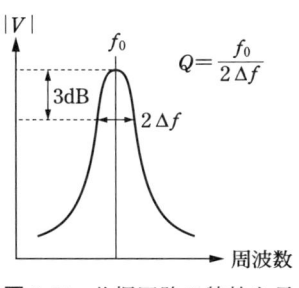

図5.24 共振回路の特性を示すパラメータ Q

は，だいたい 5〜10 程度にする．

$$\begin{cases} C = \dfrac{Q}{2\pi f R_1} \text{ [F]} \\ L = \dfrac{R_2 Q}{2\pi f} \text{ [H]} \end{cases} \quad (5.10)$$

5.3.8 インピーダンス変換トランス回路

広帯域な周波数でインピーダンスを変換するには，広帯域トランスがよく用いられる．HF〜VHF帯の周波数領域では，トロイダルコアに導線を巻いた広帯域トランスが用いられている．ここで，前述のアミドン社のトロイダルコア FT-240-#43 を用いた 1.8〜30 MHz の広帯域インピーダンス変換トランス回路について述べる．

（1） 広帯域1:4インピーダンス変換トランス回路

図5.25 に，入力インピーダンス Z_i が 50 Ω，出力インピーダンス Z_o が 200 Ω，1.8〜30 MHz の広帯域インピーダンス変換トランス回路を示す．図5.7 に示すバイファイラ巻きのテフロン被覆導線をトロイダルコアに巻き，図に示すように結線する．導線の巻き数の目安は，使用最低周波数でトロイダルコアに巻いたコイルのインピーダンス Z が，$\sqrt{Z_i \times Z_o} = \sqrt{50 \times 200} = 100$ 〔Ω〕の 5 倍程度（500 Ω）になるようにする．$f=1.8$ MHz で 500 Ω となるインダクタンス L は，

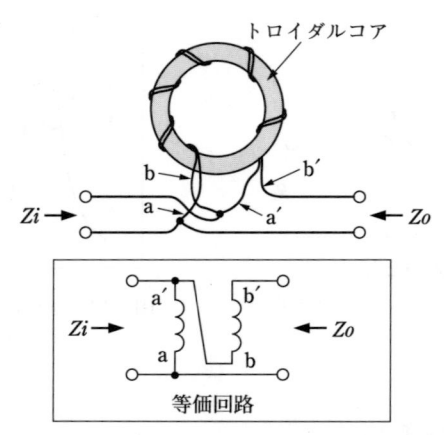

図 5.25 広帯域 1：4 インピーダンス変換トランス回路

$$L = \frac{Z}{2\pi f} = \frac{500}{2 \times \pi \times 1.8 \times 10^6} = 0.044 \,[\text{mH}] \tag{5.11}$$

となり，FT-240-#43 の AL 値は 1,240 mH/1,000 turns なので，0.066 mH のインダクタンスを得るために必要な巻き数 N は，

$$N = 1,000\sqrt{\frac{L\,[\text{mH}]}{\text{AL}\,[\text{mH}/1,000\,\text{turns}]}}$$

$$= 1,000\sqrt{\frac{0.044}{1,240}} = 5.9 \tag{5.12}$$

より，6 回巻きと求められる．

(2) 広帯域1：9インピーダンス変換トランス回路

図 5.26 に，入力インピーダンス Z_i が 50 Ω，出力インピーダンス Z_o が 450 Ω，1.8〜30 MHz の広帯域インピーダンス変換トランス回路を示す．

図 5.7 に示すトリファイラ巻きのテフロン被覆導線をトロイダルコアに巻き，図に示すように結線する．導線の巻き数の目安は，使用最低周波数でトロイダルコアに巻いたコイルのインピーダンス Z が

$$\sqrt{Z_i \times Z_o} = \sqrt{50 \times 450} = 150\,[\Omega]$$

の 5 倍程度（750 Ω）になるようにする．$f = 1.8$ MHz で 750 Ω となるインダクタンス L は，

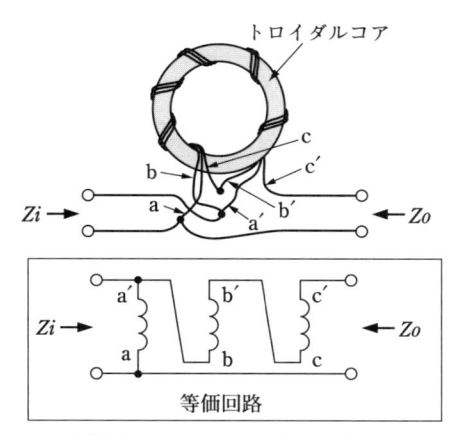

図 5.26 広帯域 1 : 9 インピーダンス変換トランス回路

$$L = \frac{Z}{2\pi f} = \frac{750}{2 \times \pi \times 1.8 \times 10^6} = 0.066 \, [\text{mH}] \tag{5.13}$$

となり，FT-240-#43 の AL 値は 1,240 mH/1,000 turns なので，0.066 mH のインダクタンスを得るときの巻き数 N は，

$$\begin{aligned}N &= 1{,}000\sqrt{\frac{L\,[\text{mH}]}{\text{AL}\,[\text{mH}/1{,}000\,\text{turns}]}} \\ &= 1{,}000\sqrt{\frac{0.066}{1{,}240}} = 7.3\end{aligned} \tag{5.14}$$

より，7 回巻きと求められる．

(3) 狭帯域インピーダンス変換トランス回路

トロイダルコアによるインピーダンス変換トランス回路は，広帯域ではあるが，トロイダルコアの周波数特性から，その使用可能な周波数はせいぜい 100 MHz 止まりとなる．それより高い周波数では，電気長が $\lambda_g/4$ 波長の同軸ケーブル（λ_g は自由空間内での 1 波長 λ に同軸ケーブルの短縮率を乗じた長さ）を組み合わせて，インピーダンス変換トランス回路を実現することができる．

図 5.27 と図 5.28 にインピーダンス変換比が 1 : 4，図 5.29 にインピーダンス変換比が 1 : 9 のトランス回路を示す．

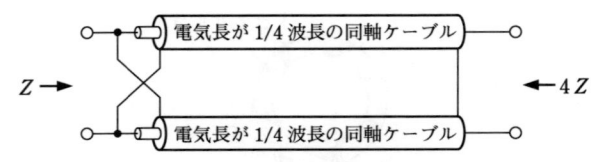

図 5.27　1：4 インピーダンス変換同軸ケーブルトランス

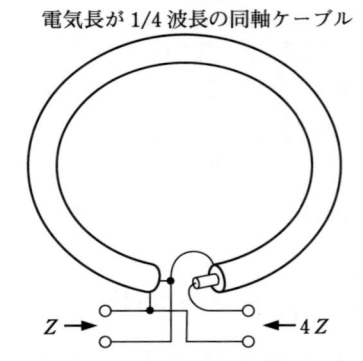

図 5.28　1：4 インピーダンス変換同軸ケーブルトランス

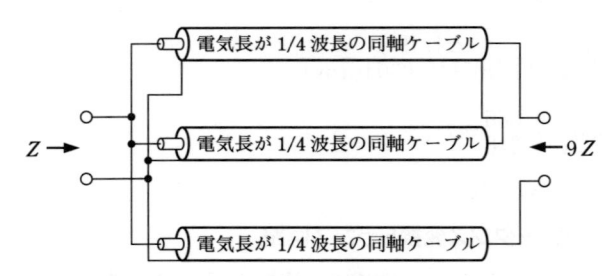

図 5.29　1：9 インピーダンス変換同軸ケーブルトランス

第6章

狭帯域アンテナの設計法

　本章では，共振回路として考えることができる**狭帯域アンテナ**の設計法について述べる．従来のアンテナのほとんどがこの狭帯域アンテナとなるので，その設計に関する文献も多い．しかしそのような文献は，実験より導き出された設計式を示すまでにとどまっているか，またはアンテナの寸法図とその実測データのみを述べた製作例かの，どちらかの内容の文献に分かれていた．本書では，設計式を用いて具体的な設計を行い，その設計結果を基に実際にアンテナを試作してその電気的特性を測定し，アンテナが実用に供するものであるかどうかについても吟味した．

6.1　ダイポールアンテナ

　ダイポールアンテナは，線状アンテナの中でも基本となるアンテナである．構造が図6.1に示すように非常に簡単であることから，八木・宇田アンテナやパラボラアンテナの放射器に採用されている．

　ダイポールアンテナ単体での絶対利得は $+2.14\,\mathrm{dBi}$ である．ダイポールアンテナは基本的に平衡給電型のアンテナなので，平衡型の給電線（平行二線給電線）はそのまま放射素子に接続できるが，不平衡型の給電線（同軸ケーブルなど）で給電する場合は，第5章で述べたように放射素子の給電点に平衡・不平衡の変換回路（バラン）を介して接続する必要がある．

　半波長ダイポールアンテナは，その全長が半波長となる周波数における給電点のインピーダンスが $Z=73\,\Omega+j43\,\Omega$ となり，誘導性リアクタンス成分を持ち，

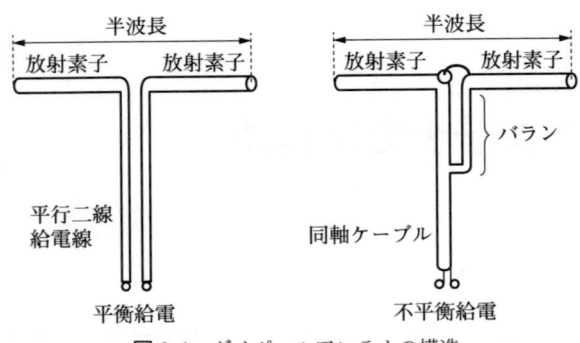

図 6.1 ダイポールアンテナの構造

それは結果として放射効率を下げてしまう．そこで，この誘導性リアクタンス成分をゼロとしてアンテナを共振させるために，放射素子の全長を自由空間の半波長に比べて若干短くする．この**短縮率**は，放射素子に用いる導線やパイプなどの直径によって決まる．

自由空間における1波長の長さを λ，放射素子の直径を d とすると，**短縮率** η (%)は，以下の式(6.1)から求められる．

$$\eta = 100 - \frac{9.82}{\log \frac{2\lambda}{d}} \, [\%] \tag{6.1}$$

ここで例として，図6.2に示すような放射素子に直径3mmの真鍮棒を用いて，433MHz用の半波長ダイポールアンテナを設計する．同軸ケーブルで給電できるように，分岐導体を用いたバランを設けた．

設計周波数 $f = 433$ [MHz]の自由空間における1波長の長さは，

$$\lambda = \frac{300}{f} = \frac{300}{433} = 0.693 \, [\text{m}] \tag{6.2}$$

となる．放射素子には直径3mm(=0.003m)の真鍮棒を用いるので，その短縮率 η は

$$\eta = 100 - \frac{9.82}{\log \frac{2 \times 0.693}{0.003}} = 96.3 \, [\%] \tag{6.3}$$

と求められ，放射素子の全長は $0.693 \times 0.5 \times 0.963 \fallingdotseq 0.334$ [m]となる．

6.1 ダイポールアンテナ

　分岐導体を用いたバランの電気長は 1/4 波長であるが，短絡板によりその長さを微調整できるように，図 6.2 に示す構造とした．実際に製作した半波長ダイポールアンテナを写真 6.1 に示す．

　写真 6.2 にインピーダンス特性，写真 6.3 にリターンロス特性を示す．写真では，横軸は 300〜500 MHz，433 MHz でリターンロスが $-32.7\,\mathrm{dB}$ となっている．

　図 6.3 に示す座標系で本アンテナを水平偏波と垂直偏波に設置したとき，水平面内の放射指向特性を測定した．その結果を図 6.4 に示す．

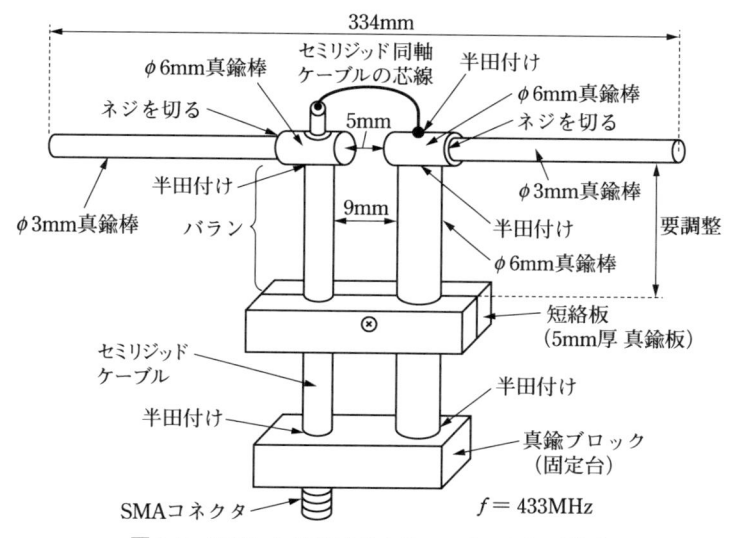

図 6.2　製作した半波長ダイポールアンテナの概要

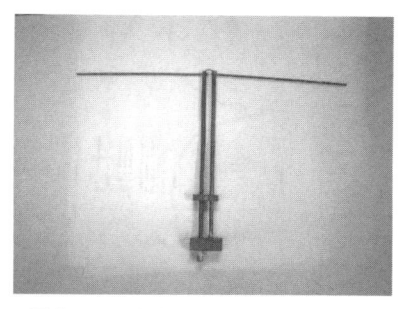

写真 6.1　半波長ダイポールアンテナ

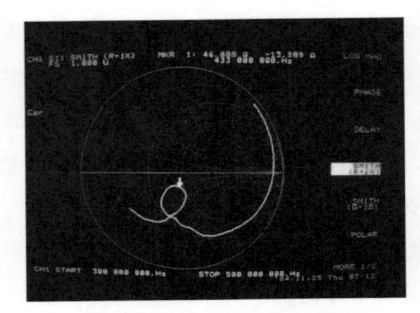

写真 6.2　インピーダンス特性 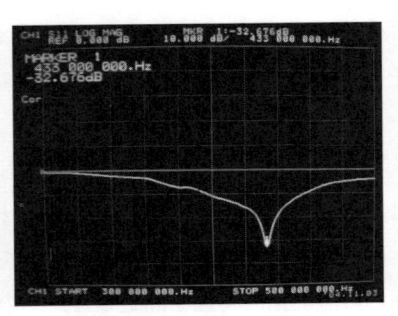　　　　　　　写真 6.3　リターンロス特性

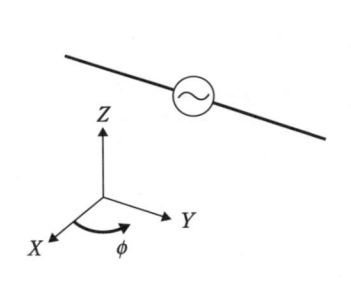

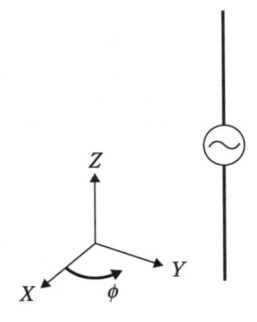

水平偏波の座標系　　　　　　　垂直偏波の座標系

図 6.3　放射指向特性を測定したときの座標系

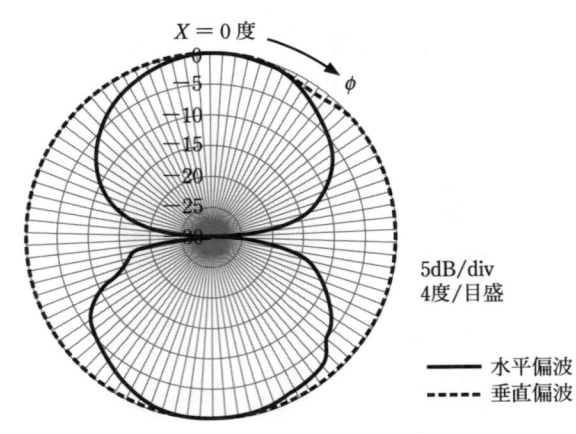

$X = 0$ 度

5dB/div
4度/目盛

―――　水平偏波
------　垂直偏波

図 6.4　水平面内の放射指向特性

6.2　1波長ループアンテナ

　周囲長が1波長の**ループアンテナ**は，ループ面と直交する方向に放射が起こり，その給電点インピーダンスが130 Ω付近で平衡型の給電線との整合が容易なこと，そしてグラウンド板を必要とせず，アンテナ単体で設計が可能であることから，ダイポールアンテナと共に放射器として広く用いられている．単体でも，ダイポールアンテナに比べ放射抵抗が高いので，無給電素子や反射板を併用することにより給電点のインピーダンスを下げ，50 Ω同軸ケーブルを直接接続できるので，放射素子としても使いやすい．ループアンテナは自己平衡作用があるので，平衡型給電線でも不平衡型給電線でもバランを介さずに直接接続が可能である．

　図6.5と写真6.4にその形状を示す．全長250 mm，直径0.6 mmのスズメッキ線を円形に加工し，SMAコネクタを取り付けた単純な構造である．

　写真6.5にインピーダンス特性，写真6.6にリターンロス特性を示す．写真では，横軸は1,000～1,500 MHz，1,262.5 MHzでリターンロスが−8.6 dBとなっている．

　図6.6に示す座標系で，本アンテナを水平偏波と垂直偏波に設置したとき，水平面内の放射指向特性を測定した．その結果を図6.7に示す．利得は+3 dBi程度であった．

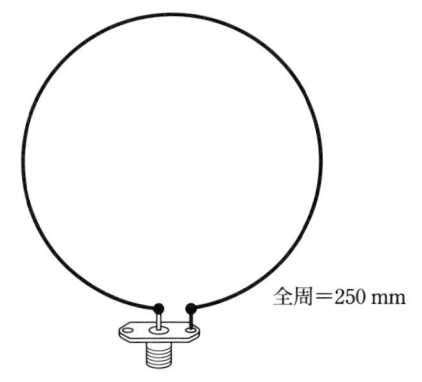

図 6.5　1波長ループアンテナの構造 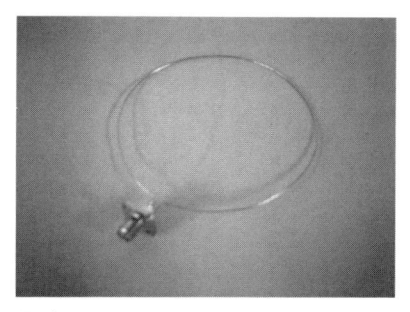　　　写真 6.4　1波長ループアンテナの構造

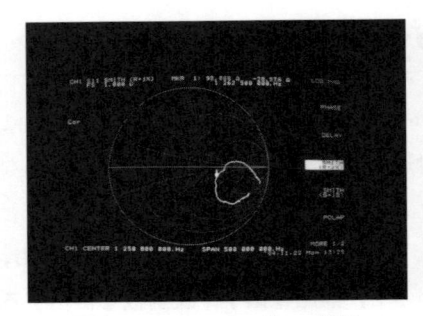

写真 6.5 インピーダンス特性 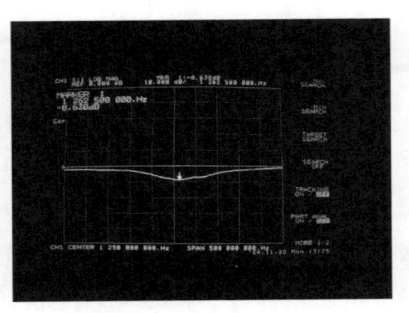　　　写真 6.6 リターンロス特性

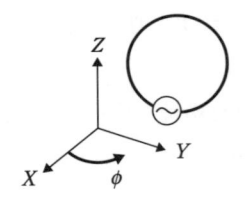

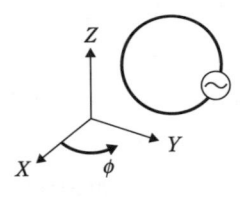

水平偏波の座標系　　　　垂直偏波の座標系

図 6.6 放射指向特性を測定したときの座標系

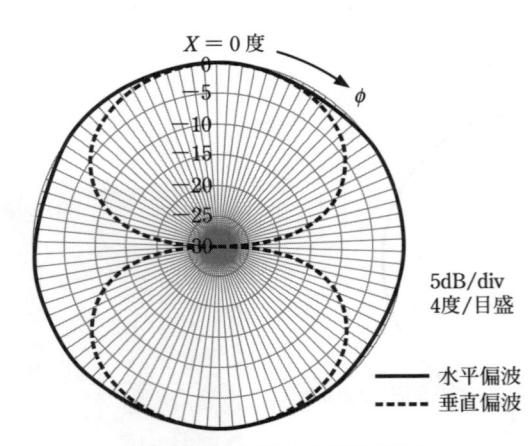

$X = 0$ 度

5dB/div
4度/目盛

――― 水平偏波
------ 垂直偏波

図 6.7 水平面内の放射指向特性

6.3　モノポールアンテナ

　携帯電話や移動通信機器用などで用いられるアンテナには，同軸ケーブルで直接給電できる不平衡給電型アンテナが適している．代表的なものに，放射素子長が 1/4 波長の**モノポールアンテナ**がある．これは，ダイポールアンテナの放射素子の半分をグラウンド板上に配置したアンテナである．給電点インピーダンスは，共振周波数においてはダイポールアンテナの半分の 36.5 Ω となる．

　図 6.8 と写真 6.7 に，2,450 MHz 用に設計したモノポールアンテナの一例を示す．図のように接地したアンテナは，垂直偏波で水平面内は無指向性になる．

　写真 6.8 にインピーダンス特性，写真 6.9 にリターンロス特性を示す．写真で

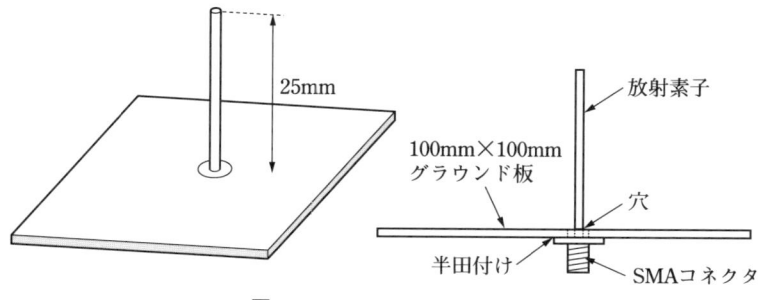

図 6.8　モノポールアンテナ

写真 6.7　モノポールアンテナ

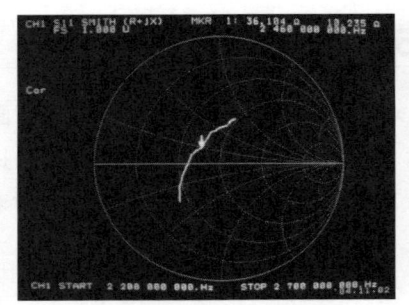

写真 6.8　インピーダンス特性　　　写真 6.9　リターンロス特性

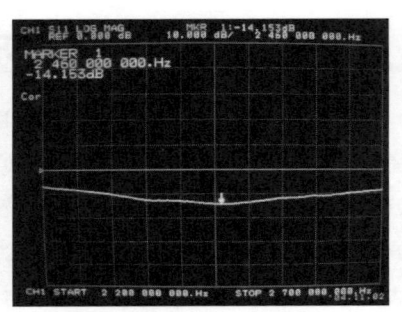

は，横軸は 2,200～2,700 MHz，2,460 MHz でリターンロスが −14.2 dB となっている．

6.4　八木・宇田アンテナ

　直線偏波で指向性が鋭く利得の高いアンテナには，**八木・宇田アンテナ**がある．このアンテナは，1925 年に東北大学の八木秀次氏と宇田新太郎氏によって発明された．しかし，特許の発明人を八木秀次氏のみとして国内外に出願されたため，八木アンテナと呼ばれることが多いが，研究や実用化に向けては宇田新太郎氏の功績も大きく，学会などでは両氏に敬意を表して八木・宇田アンテナと呼ばれている．

　アンテナの形状を図 6.9 と写真 6.10 に示す．後から反射器，放射器（給電している素子），そしてその前に複数の導波器を並べた構造になっている．このアンテナは，放射器から見て導波器の方向に電波を強く放射する．

　放射器には半波長ダイポールアンテナや折返しダイポールアンテナが用いられている．導波器は放射器よりも短く，反射器は放射器よりも長くなっている．八木・宇田アンテナの寸法例は過去にはいろいろな本で紹介されていたが，近年ではコンピュータでのシミュレーションにより，最適な八木・宇田アンテナの寸法が簡単に算出できるようになってきた．本節では，アマチュア無線用に販売され

6.4 八木・宇田アンテナ

図6.9 八木・宇田アンテナの構造

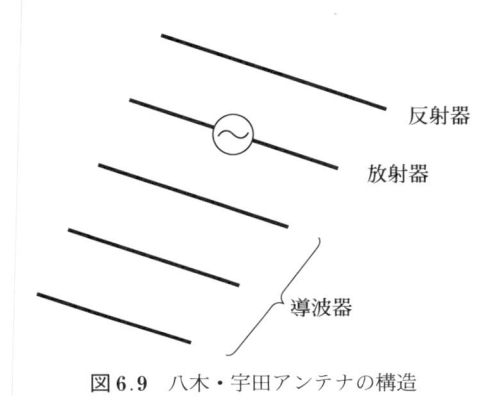

写真6.10 八木・宇田アンテナ

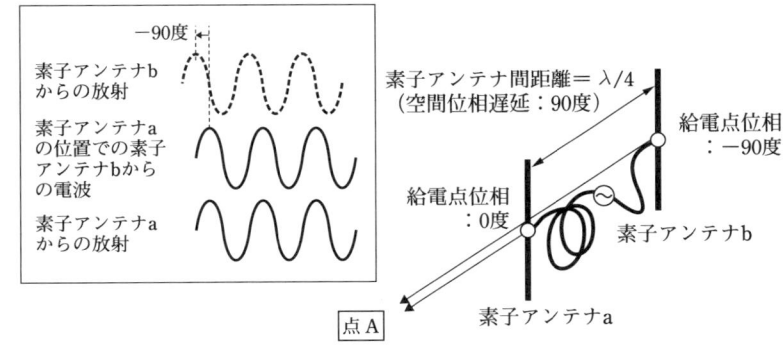

図6.10 八木・宇田アンテナの動作原理（その1）

ているキットを作製し，その電気的特性を測定した．

　以下に八木・宇田アンテナの動作原理を説明する．図6.10に示すように，2本の素子アンテナを1/4波長間隔で配置する．両方のアンテナに高周波信号を給電する場合，素子アンテナbには素子アンテナaよりも位相が90度進んだ高周波信号を加えることとする．素子アンテナbより放射された電波が素子アンテナaのところに到達すると，空間距離1/4波長を伝播してきたことになるので，

360 度×1/4＝90 度の位相遅れが生ずる．素子アンテナ b の位相はもともと素子アンテナ a よりも 90 度進んでいるので，素子アンテナ a の点では素子アンテナ b から放射された電波と素子アンテナ a で放射された電波は同じ位相関係（0 度）になる．したがって点 A では，各々の素子アンテナから放射された電波は同位相で合成されて強め合う．

一方，図 6.11 に示すように，素子アンテナ a より放射された電波が素子アンテナ b のところに到達すると，伝播遅延により位相が 90 度遅れる．素子アンテナ b の位相はもともと素子アンテナ a よりも位相が 90 度進んでいるので，素子アンテナ b の点では，素子アンテナ a から放射された電波と素子アンテナ b で放射された電波は逆相（180 度）の位相関係になる．したがって点 B では，各々の素子アンテナから放射された電波は逆位相で合成されて弱め合う．

以上の動作原理から，放射指向特性を計算した結果を図 6.12 に示す．

放射器に高周波電流が流れていると，その近傍には強い電磁界が生じ，そこに素子を置けば直接給電しなくても電流が誘起され，放射が起こる．この素子を**無給電素子（パラスティックエレメント）**という．図 6.13 に示す 3 素子八木・宇田アンテナは，反射器と放射器と導波器の 3 種類の素子（エレメント）で構成さ

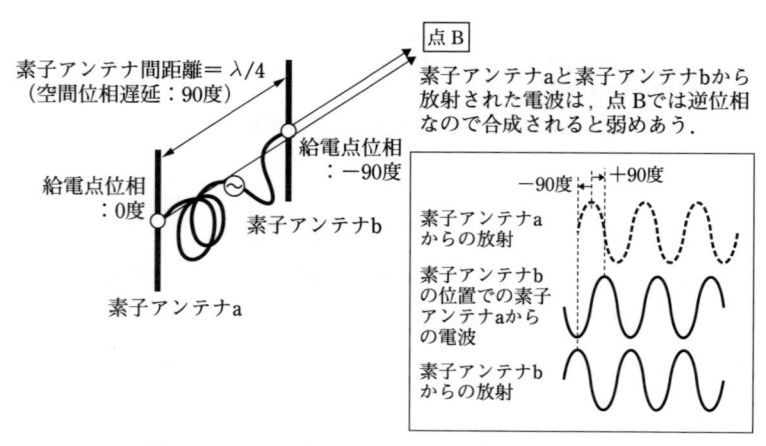

図 6.11　八木・宇田アンテナの動作原理（その 2）

6.4 八木・宇田アンテナ

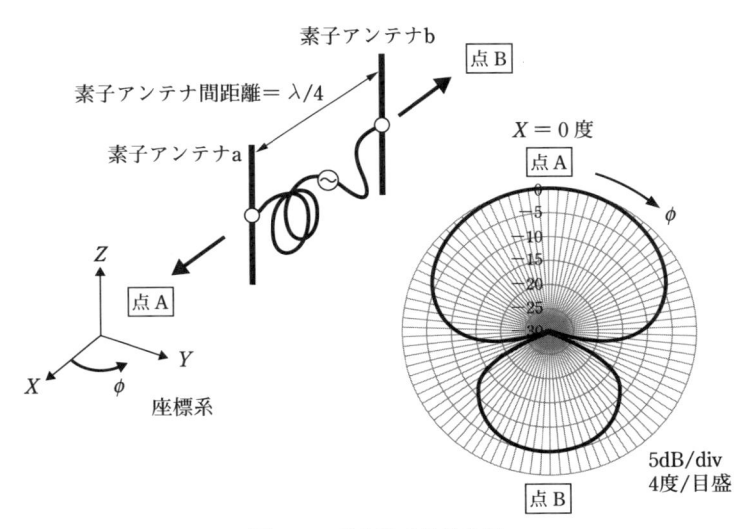

図6.12 放射指向特性特性

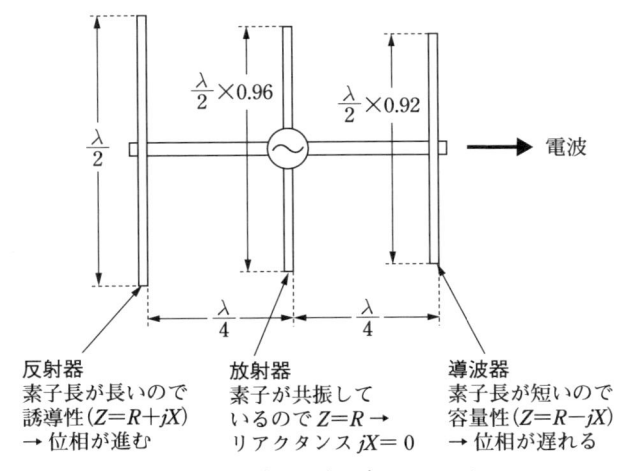

図6.13 3素子八木・宇田アンテナ

反射器
素子長が長いので
誘導性($Z=R+jX$)
→位相が進む

放射器
素子が共振して
いるので$Z=R$→
リアクタンス$jX=0$

導波器
素子長が短いので
容量性($Z=R-jX$)
→位相が遅れる

れている．放射器に比べて反射器の長さは長く，導波器の長さは短くなっている．放射器には半波長ダイポールアンテナが用いられるが，それが共振している周波数では，給電点インピーダンスは抵抗成分のみとなる．このとき放射器の長

さは，6.1 節で述べたように自由空間中の半波長より若干短くなる．反射器は，アンテナの素子が放射器の長さより長く誘導性リアクタンス（$Z=R+jX$）となり，導波器は放射器の長さより短く容量性リアクタンス（$Z=R-jX$）となる．誘導性リアクタンスをもつということは，その動作はコイルと同じく位相を 90 度進め，容量性リアクタンスをもつということは，コンデンサと同じく位相を 90 度遅らせることになる．

八木・宇田アンテナは，放射器の前後に放射器と異なる長さの無給電素子の反射器と導波器を付加することにより，放射器から導波器方向に強く電波を放射し，放射器から反射器方向には電波の放射が少なくなる．以上が放射特性に指向性をもつ八木・宇田アンテナの動作原理である．

(1) 430 MHz 用 2 素子八木・宇田アンテナ

市販されている八木・宇田アンテナのキット（FCZ 研究所の 430 MHz 用 2 エレプリンテナ）を購入し，その特性を測定した．図 6.14，写真 6.11，写真 6.12 にこの 430 MHz 用 2 素子八木・宇田アンテナを示す．放射器には U バランを用

図 6.14 430 MHz 用 2 素子八木・宇田アンテナ

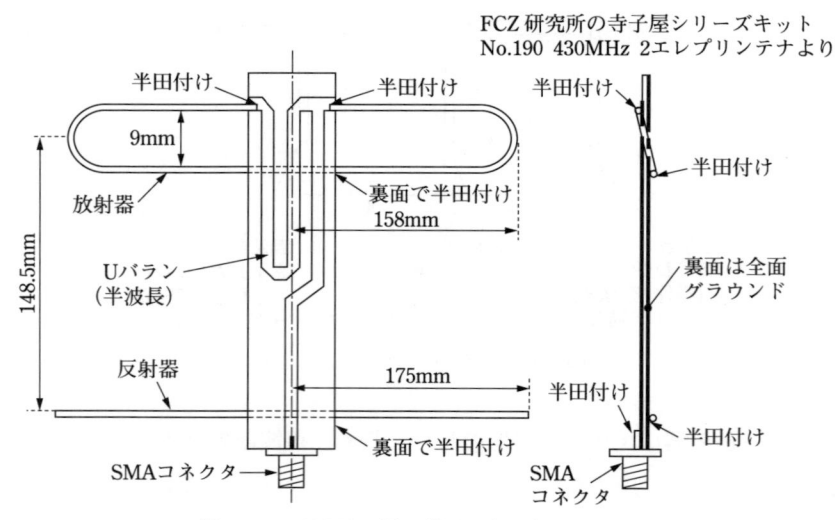

6.4 八木・宇田アンテナ

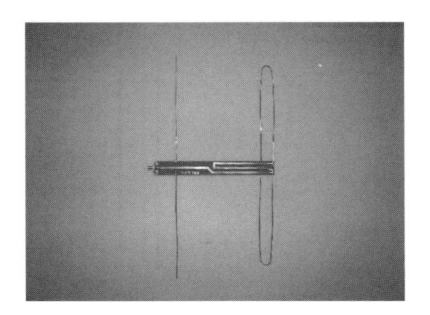

写真 6.11　430 MHz 用 2 素子八木・宇田アンテナ（表面）

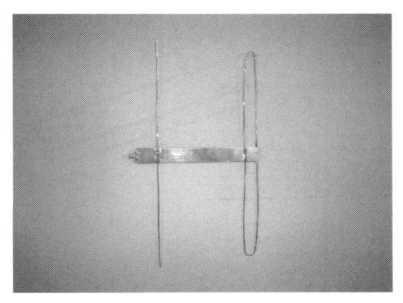

写真 6.12　430 MHz 用 2 素子八木・宇田アンテナ（裏面）

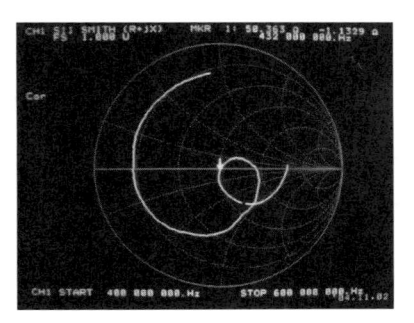

写真 6.13　インピーダンス特性

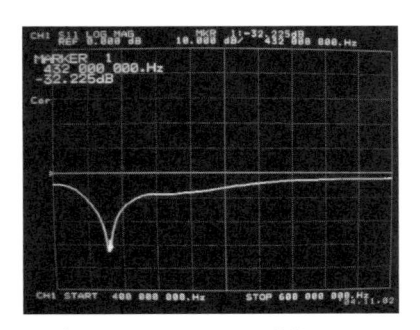

写真 6.14　リターンロス特性

いた半波長フォールデッドダイポールアンテナを用い，反射器を付加した 2 素子構造になっている．U バランは平衡・不平衡の変換を行うと同時に，その入出力インピーダンスを 1（不平衡側）：4（平衡側）に変換する．図中の素子長寸法は取扱説明書に記載されていたものをそのまま引用したが，その他の寸法は取扱説明書に記載されていなかったので実測した．

　本アンテナの利得を測定したところ，+5.8 dBi であった．写真 6.13 にインピーダンス特性，写真 6.14 にリターンロス特性を示す．写真では，横軸は 400〜600 MHz，432 MHz でリターンロスが -32.2 dB となっている．

　図 6.15 に示す座標系で，本アンテナを水平偏波と垂直偏波に設置したとき，水平面内の放射指向特性を測定した．その結果を図 6.16 に示す．

水平偏波の座標系　　　　　垂直偏波の座標系

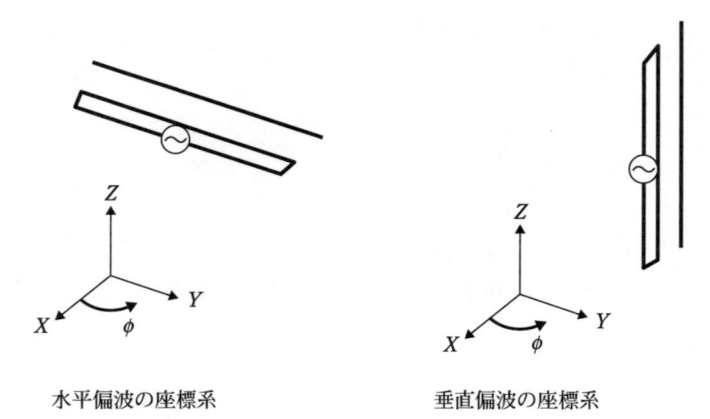

図 6.15　放射指向特性を測定したときの座標系

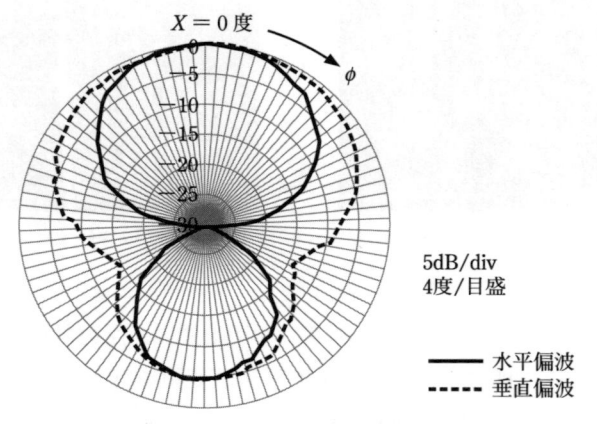

5dB/div
4度/目盛

―――― 水平偏波
------ 垂直偏波

図 6.16　水平面内の放射指向特性

（2）　1,200 MHz 用 5 素子八木・宇田アンテナ

　430 MHz 用 2 素子八木・宇田アンテナと同様に，市販されている八木・宇田アンテナのキット（FCZ 研究所の 1,200 MHz 用 5 エレプリンテナ）を購入し，その特性を測定した．この八木・宇田アンテナキットも，放射器に半波長フォールデッドダイポールアンテナを用いている．バランには U バランを採用している．

6.4 八木・宇田アンテナ

図 6.17, 写真 6.15, 写真 6.16 に 1,200 MHz 用 5 素子八木・宇田アンテナの構造を示す．図中の素子長寸法は取扱説明書に記載されていたものをそのまま引用したが，その他の寸法は取扱説明書に記載されていなかったので実測した．

本アンテナの利得を測定したところ，+9.3 dBi であった．写真 6.17 にイン

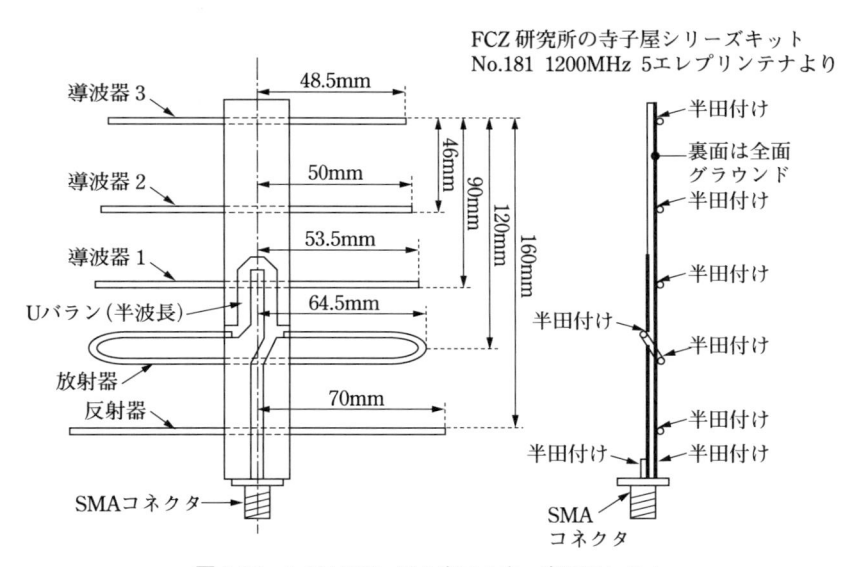

図 6.17　1,200 MHz 用 5 素子八木・宇田アンテナ

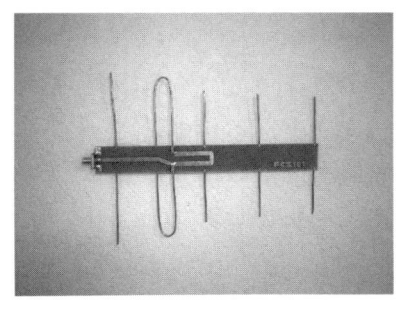

写真 6.15　1,200 MHz 用 5 素子八木・宇田アンテナ（表面）

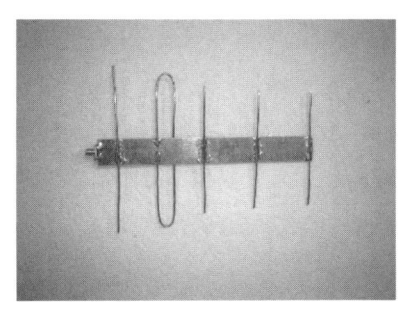

写真 6.16　1,200 MHz 用 5 素子八木・宇田アンテナ（裏面）

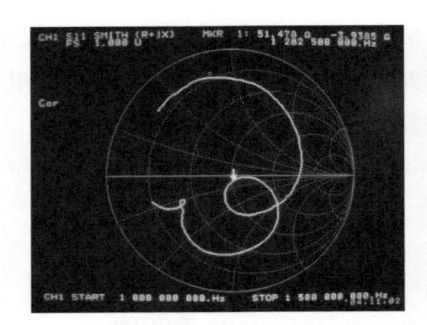

100   第 6 章　狭帯域アンテナの設計法

写真 6.17　インピーダンス特性 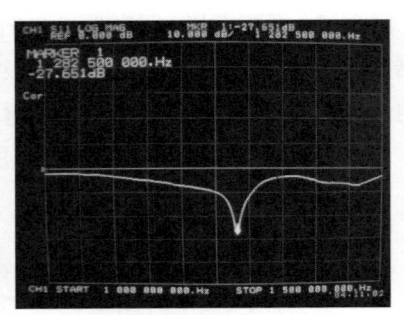　　　　　　**写真 6.18**　リターンロス特性

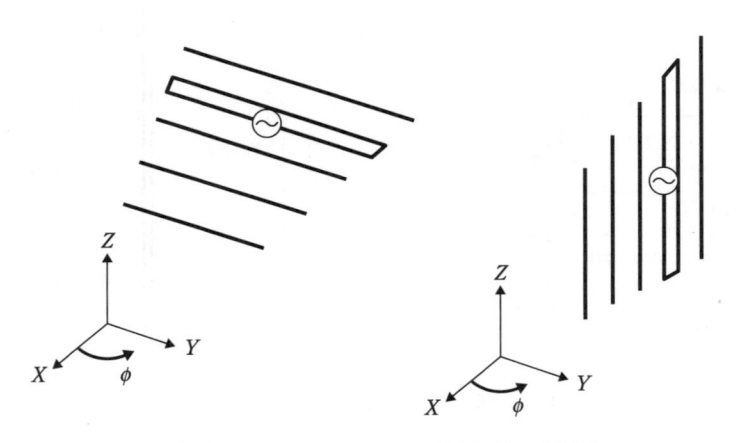

水平偏波の座標系　　　　　　　　　垂直偏波の座標系

図 6.18　放射指向特性を測定したときの座標系

ピーダンス特性，写真 6.18 にリターンロス特性を示す．写真では，横軸は 1,000〜1,500 MHz，1,282.5 MHz でリターンロスが -27.7 dB となっている．

　図 6.18 に示す座標系で，本アンテナを水平偏波と垂直偏波に設置したとき，水平面内の放射指向特性を測定した．その結果を図 6.19 に示す．

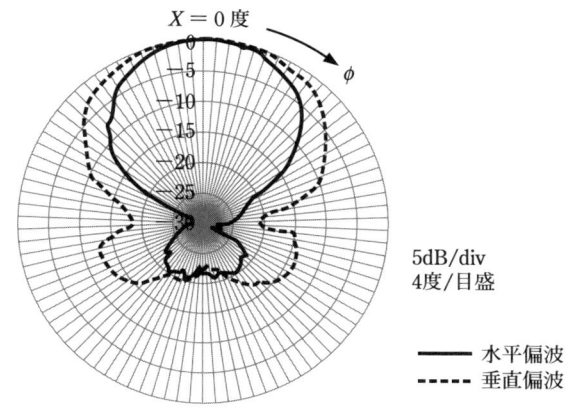

図6.19　水平面内の放射指向特性

6.5　パッチアンテナ

近年，UHF帯以上の周波数で多用されるアンテナとして，**パッチアンテナ**（マイクロストリップアンテナ）がある．その形状は図6.20と写真6.19に示すように，グラウンド板の上に基板を挟んで放射素子を配置した，不平衡給電型の平面アンテナである．

プリント基板上にパッチアンテナを構成すると，基板の誘電率によりアンテナを小さくできる．

以下に，図6.20に示す形状の方形パッチアンテナの設計方法を説明する．パッチアンテナの給電点は，放射素子の中心からずれた位置にとる．この位置によって，給電点のインピーダンスを変えることができる．図のパッチアンテナの場合は直線偏波のアンテナとなり，その偏波面は，図6.20に示すように放射素子の中心と給電点を結んだ直線の方向となる．

図6.21に示す長さLは，設計する周波数が基板の**実効誘電率** ε_{rel} により波長短縮された1/2波長となる．ここで，自由空間中の1波長の長さをλ，電気的に短縮された1波長をλ_gとすると，図中のLの長さは式(6.4)で与えられる．ここでの設計では，(放射素子の長さL)＝(放射素子の幅W)とする．

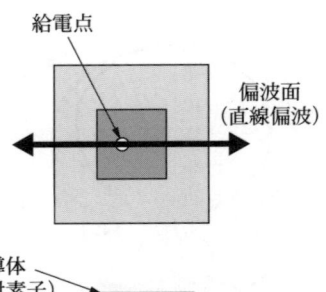

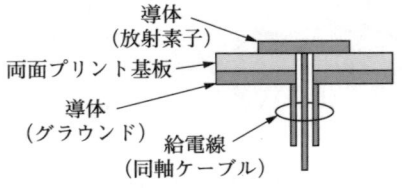

図 6.20　パッチアンテナの形状

写真 6.19　パッチアンテナの形状

$$L = W = \frac{1}{\sqrt{\varepsilon_{\mathrm{rel}}}} \frac{\lambda}{2} = \frac{\lambda_g}{2} \tag{6.4}$$

プリント基板の**比誘電率** ε_r は，プリント基板を挟んで対向させる金属の形状が同じときに一つの値が決まる誘電率であるが，実効誘電率 $\varepsilon_{\mathrm{rel}}$ の値は，プリント基板を挟んで対向させる金属の形状が異なるとそれによってその値が変わるの

6.5 パッチアンテナ

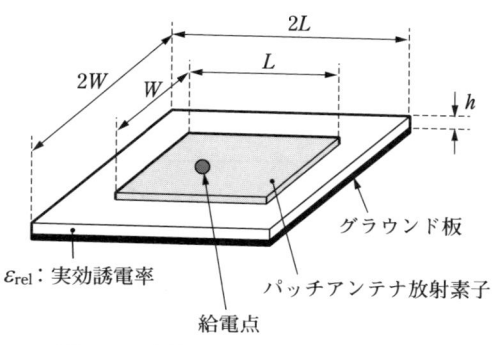

図 6.21 直線偏波の方形パッチアンテナ

で，何らかのパラメータを決めてそれに対応する実効誘電率 ε_{rel} を決める必要がある．そのパラメータには，マイクロストリップ線路や放射素子の幅 W とプリント基板の厚さ h の比 W/h が用いられる．ここでは，比誘電率 $\varepsilon_r=3.7$ の両面基板を用いてアンテナを製作する．この基板の W/h に対する実効誘電率 ε_{rel} は，

$W/h<1$ のとき

$$\varepsilon_{rel}=\frac{\varepsilon_r+1}{2}+\frac{\varepsilon_r-1}{2}\left\{\frac{1}{\sqrt{1+\frac{12h}{W}}}+0.04\left(1+\frac{W}{h}\right)^2\right\} \tag{6.5}$$

$W/h\geqq 1$ のとき

$$\varepsilon_{rel}=\frac{\varepsilon_r+1}{2}+\frac{\varepsilon_r-1}{2}\left\{\frac{1}{\sqrt{1+\frac{12h}{W}}}\right\} \tag{6.6}$$

より概略の値を知ることができる．

比誘電率 $\varepsilon_r=3.7$ のときの式(6.5)及び式(6.6)を用いて計算した W/h に対する実効誘電率 ε_{rel} の値を図 6.22 に示す．

（1） 具体的な方形パッチアンテナの設計手順

以下に，給電点インピーダンスが 50 Ω の 2.45 GHz 用方形パッチアンテナの設計の手順を述べる．

比誘電率 ε_r: 3.7

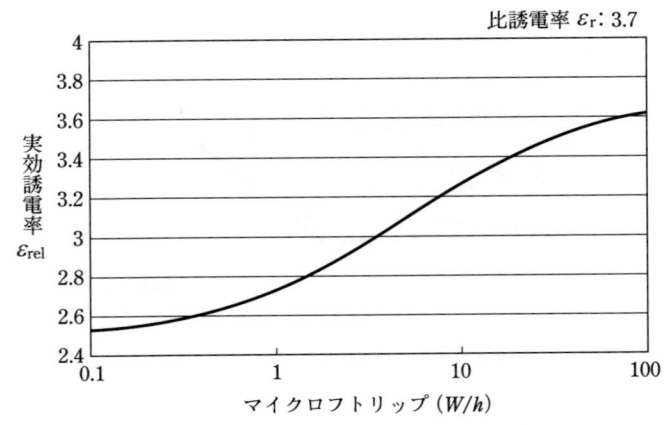

図 6.22 比誘電率 ε_r と実効誘電率 ε_{rel} の関係

① 自由空間中の 2.45 GHz の 1 波長の長さ λ は，次の式で求められる．

$$\lambda = \frac{光速}{f} = \frac{300 \times 10^6 \,[\text{m}]}{2{,}450 \times 10^6 \,[\text{Hz}]} \fallingdotseq 0.122 \,[\text{m}] \tag{6.7}$$

② L の値を概略で決めるために，まず式(6.4)を用いて，実効誘電率 ε_{rel} の代わりに比誘電率 ε_r を代入して計算する．ここで，厚さ $h = 1.2$ mm の両面プリント基板（比誘電率は $\varepsilon_r = 3.7$）を用いると，L と W は次の式で求められる．

$$L = W = \frac{1}{\sqrt{\varepsilon_r}} \frac{\lambda}{2} = \frac{1}{\sqrt{3.7}} \times \frac{0.122}{2}$$
$$= 0.0317 \,[\text{m}] = 31.7 \,[\text{mm}] \tag{6.8}$$

③ ここで，実効誘電率 ε_{rel} を求めるために W/h を計算すると，$31.7/1.2 \fallingdotseq 26.4$ となり，この値から，式(6.6)を用いて実効誘電率 ε_{rel} を求めると，$\varepsilon_{rel} \fallingdotseq 3.47$ が得られる．

④ この $\varepsilon_{rel} \fallingdotseq 3.47$ と式(6.4)を用いて L を再度計算すると，

$$L = W = \frac{1}{\sqrt{\varepsilon_{rel}}} \frac{\lambda}{2} = \frac{1}{\sqrt{3.47}} \times \frac{0.122}{2}$$
$$= 0.0327 \,[\text{m}] = 32.7 \,[\text{mm}] \tag{6.9}$$

となる．

⑤ ここで再度，より正確な実効誘電率 ε_{rel} を求めるために W/h を計算すると，

32.7/1.2≒27.3 となり，この値から式(6.6)を用いて実効誘電率 ε_{rel} を求めると，ε_{rel}≒3.48 が得られる．

⑥ 以下，④と⑤の計算を数回繰り返すと，精度の高い L と W を計算することができる．

次に給電点の位置を決める．パッチアンテナは，給電する位置により給電点インピーダンスを選ぶことができる．図 6.23 に，実験により求めたパッチアンテナの給電点の位置とインピーダンスの関係を示す．給電点のインピーダンスを 50 Ω としたいときは，グラフより a/L≒27% とする．

実際には，プリント基板の比誘電率 ε_r にバラツキがあることや，図 6.23 にも実験時の測定誤差が含まれるので，最終的には試作を行ってからのカットアンドトライによる調整作業が設計時に必要となる．

(2) 50 Ω マイクロストリップ線路による給電

この給電方法は図 6.24 に示すように，放射素子の 50 Ω の給電点まで給電線となる 50 Ω マイクロストリップ線路を引き込んだ形状になっている．写真 6.20 に，図 6.25 に示す寸法で製作したパッチアンテナを示す．アンテナの利得を実測したところ，+5.4 dBi であった．

写真 6.21 にインピーダンス特性，写真 6.22 にリターンロス特性を示す．写真では，横軸は 2,200〜2,700 MHz，2,440 MHz でリターンロスが −40.4 dB と

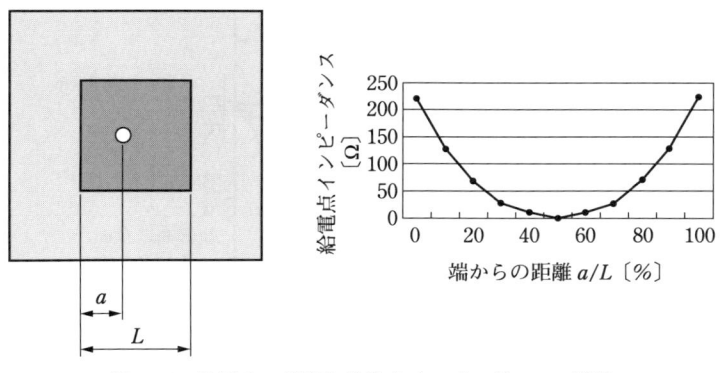

図 6.23 給電点の位置と給電点インピーダンスの関係

第6章 狭帯域アンテナの設計法

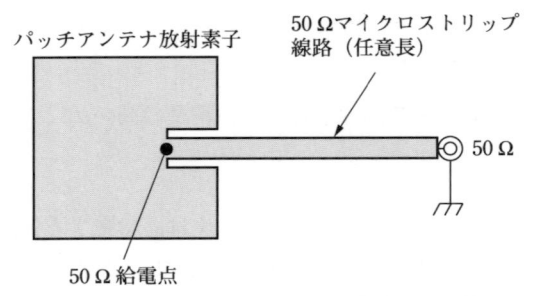

図6.24 50Ωマイクロストリップ線路による給電

写真6.20 50Ωマイクロストリップ線路給電によるパッチアンテナ

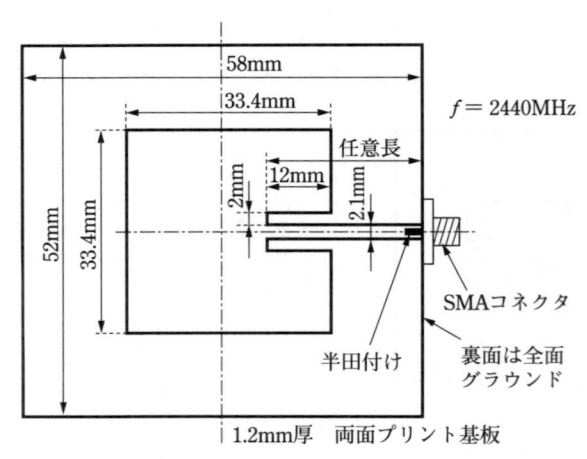

図6.25 2,440 MHzパッチアンテナの寸法図

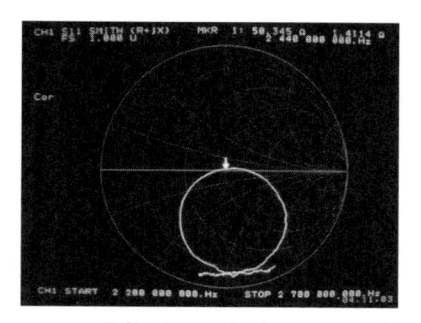

写真 6.21 インピーダンス特性 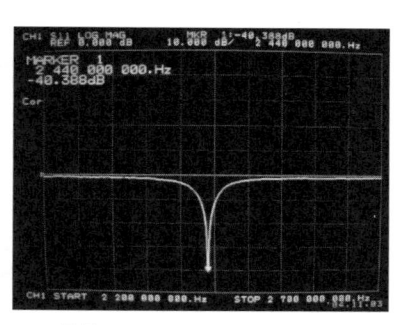　　　　写真 6.22 リターンロス特性

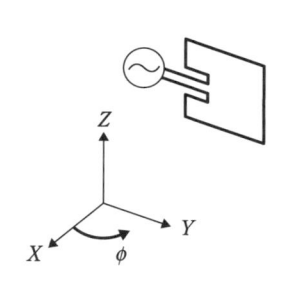

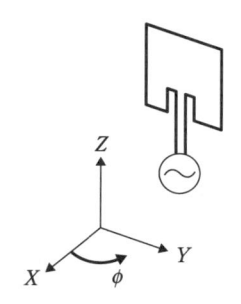

水平偏波の座標系　　　　　　垂直偏波の座標系

図 6.26　放射指向特性を測定したときの座標系

なっている．

　図 6.26 に示す座標系で，本アンテナを水平偏波と垂直偏波に設置したとき，水平面内の放射指向特性を測定した．その結果を図 6.27 に示す．

（3）円偏波の発生方法

　今まで述べた方形パッチアンテナは直線偏波のアンテナであったが，方形パッチアンテナは図 6.28 に示すように，方形パッチアンテナの放射素子の対角線関係にある二つの角を L に対して約 8％カットすると，**円偏波**（時間と共に偏波の向きが変わる）のアンテナとすることができる．円偏波の右旋と左旋の定義は，電波を送り出す背後から見た偏波面の旋回方向をいう．

$X = 0$ 度

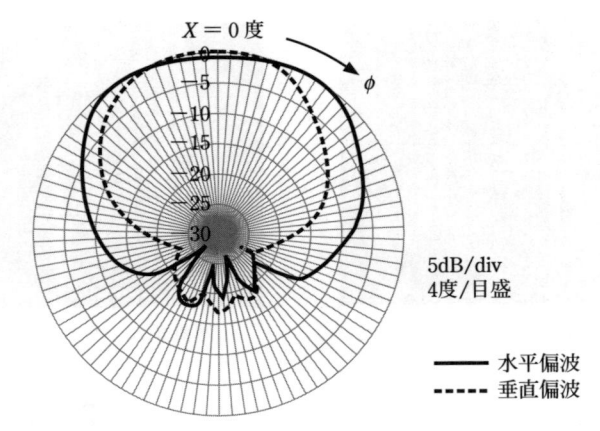

5dB/div
4度/目盛

―― 水平偏波
---- 垂直偏波

図 6.27　水平面内の放射指向特性

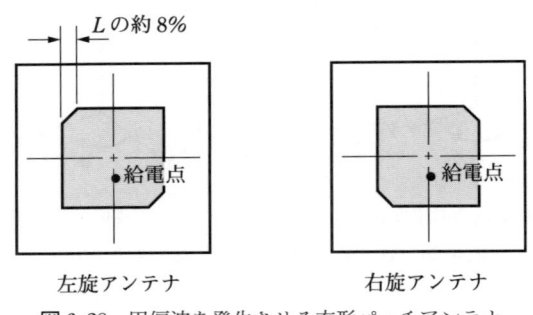

L の約 8%

給電点　　　　　給電点

左旋アンテナ　　　右旋アンテナ

図 6.28　円偏波を発生させる方形パッチアンテナ

第7章

短縮アンテナ

　長波を用いる放送や無線通信では波長が非常に長いため，固定無線局であってもアンテナの設置は難しいところがある．また，移動無線局においても，移動体に比べて波長が長い周波数を用いた通信では，アンテナの長さを短縮したいというニーズがある．本章では短縮アンテナについて解説する．

7.1　接地型短縮アンテナ

　放送や無線通信では，低い周波数は数十kHzから，高い周波数では数十GHzまで用いられている．この中で，長波帯のように1波長が数km～数百mの周波数では，主に接地型の**短縮アンテナ**が使用されている．この場合，従来の1/4波長のモノポールアンテナよりもアンテナ長はかなり短くなる．本節では，接地型の短縮アンテナについて，実際の設計例をあげながら説明する．ここでの製作はアンテナの共振周波数を知ることを目的としたので，特に給電点インピーダンスの整合は行っていない．

　接地型短縮アンテナでは，図7.1に示すようにリアクタンスをアンテナの一部に付加して，アンテナの長さを短縮した**装荷型短縮モノポールアンテナ**が広く用いられている．同図(a)は1/4波長のモノポールアンテナであるが，このアンテナよりも長さが短い短縮アンテナを通信したい周波数に共振させるには，(b)に示すようなアンテナの頂上にキャパシタンスを装荷したアンテナと，(c)に示すようなアンテナの放射素子のいずれかの部分にコイルを入れてインダクタンスを装荷したアンテナがある．

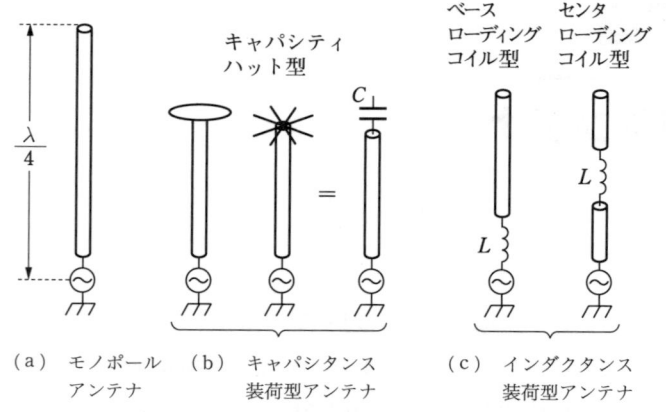

(a) モノポール　　(b) キャパシタンス　　(c) インダクタンス
　　アンテナ　　　　　装荷型アンテナ　　　　装荷型アンテナ

図 7.1　装荷型短縮モノポールアンテナ

7.1.1　キャパシタンス装荷型短縮モノポールアンテナ

図 7.2 に示すような**キャパシタンス装荷型短縮モノポールアンテナ**は，同図 (b-0) に示すように，アンテナの頂上にキャパシタンスを装荷してアンテナ長を短縮する．モノポールアンテナの長さ（1/4 波長）を h 〔m〕に短縮する場合，アンテナの放射素子の直径を d 〔m〕，設計周波数を f 〔MHz〕，自由空間での 1 波長を λ 〔m〕とすると，アンテナの頂上に装荷するキャパシタンス C 〔pF〕は，

$$C = \frac{2,653}{f\left\{\ln\left(\dfrac{4h}{d}\right)-1\right\}} \cot\left\{2\pi\left(\dfrac{\dfrac{\lambda}{4}-h}{\lambda}\right)\right\} \text{〔pF〕} \tag{7.1}$$

より求まる．

(1)　円板導体

式 (7.1) で求めたキャパシタンス C を図 7.2 の (b-1) に示す円板導体で実現する．円板導体の直径 D 〔m〕は次の式で計算できる．

$$C = \frac{35.4 D}{1 - \dfrac{2}{\pi}\sin^{-1}\left\{\dfrac{1}{\sqrt{1+\left(\dfrac{8h}{D}\right)^2}}\right\}} \tag{7.2}$$

7.1 接地型短縮アンテナ

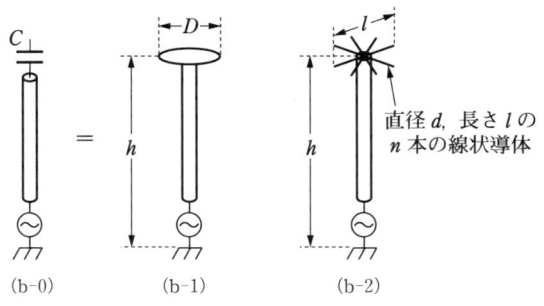

図 7.2 キャパシタンス装荷型短縮モノポールアンテナ

ここで $\dfrac{D}{h} < 0.5$ のとき，式(7.2)は

$$C = 35.4\,D\ \mathrm{[pF]} \tag{7.3}$$

と近似できる．

(2) 線状導体

式(7.1)で求めたキャパシタンス C を，図7.2(b-2)に示す長さ l [m]，直径 d [m]，n 本の線状導体で実現する．グラウンドから線状導体が十分に低い位置にあるとき，

$$C = \frac{55.6\,nl}{\ln\left(\dfrac{4l}{d}\right) - 1}\ \mathrm{[pF]} \tag{7.4}$$

で計算できる．

ここで，キャパシタンス装荷型短縮モノポールアンテナを実際に設計する．図7.3に示すように，設計周波数を $f = 600\,\mathrm{MHz}(\lambda = 0.5\,\mathrm{m})$，アンテナ長を $h = 0.07\,\mathrm{m}$，放射素子の直径を $d = 0.0016\,\mathrm{m}$ とし，頂上につける円板導体の容量 C は，式(7.1)より

$$C = \frac{2{,}653}{f\left\{\ln\left(\dfrac{4h}{d}\right) - 1\right\}} \cot\left\{2\pi\left(\dfrac{\dfrac{\lambda}{4} - h}{\lambda}\right)\right\}$$

$$= \frac{2,653}{600\left\{\ln\left(\frac{4\times 0.07}{0.0016}\right)-1\right\}} \cot\left\{2\pi\left(\frac{\frac{0.5}{4}-0.07}{0.5}\right)\right\}$$

$$= 1.28 \,[\text{pF}] \tag{7.5}$$

と求まる．この結果を式(7.3)の近似式に代入すると，

$$C = 1.28 \,[\text{pF}] \approx 35.4 D \,[\text{pF}] \tag{7.6}$$

が得られる．この式より円板導体の直径 D は，

$$D = 0.036 \,[\text{m}] = 36 \,[\text{mm}] \tag{7.7}$$

となる．この円板導体を厚さ 0.5 mm の真鍮板で作り，写真 7.1 に示すようなアンテナを製作した．写真 7.2 からわかるように，共振周波数は 606 [MHz] と

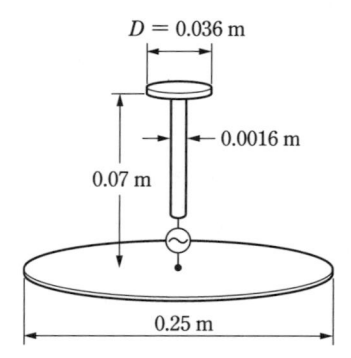

図 7.3 キャパシタンス装荷型短縮モノポールアンテナ

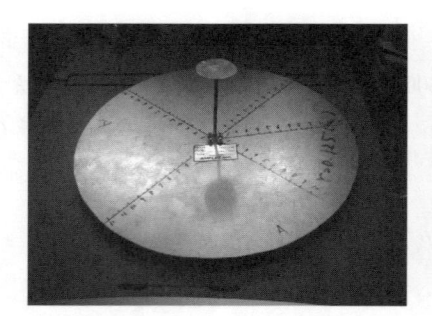

写真 7.1 キャパシタンス装荷型短縮モノポールアンテナ

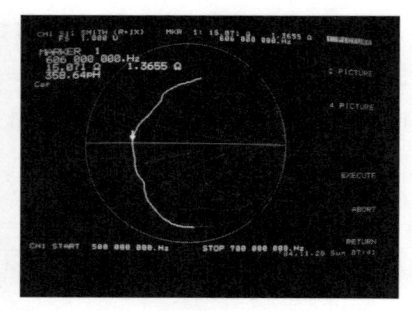

写真 7.2 キャパシタンス装荷型短縮モノポールアンテナの共振周波数

7.1.2　インダクタンス装荷型短縮モノポールアンテナ

図7.4に示すような**インダクタンス装荷型短縮モノポールアンテナ**には，同図(c-1)のようにアンテナの給電点にインダクタンス（コイル）を装荷する**ベースローディングコイル型**，(c-2)のようにアンテナの途中にインダクタンスを装荷する**センタローディングコイル型**などがある．

モノポールアンテナの長さ（1/4波長）を l [m] に短縮する場合，アンテナの設計周波数 f [MHz] における自由空間での1波長を λ [m]，放射素子の直径を d [m]，(c-2)の場合の給電点からコイルを挿入する位置までの長さを b [m] とすると，挿入するコイルのインダクタンス L は，各々以下の式で求められる．

(c-1)　ベースローディングコイル型

$$L = \frac{9.55}{f}\left\{\ln\left(\frac{2l}{d}\right)-1\right\}\cot\left(2\pi\frac{l}{\lambda}\right) \ [\mu H] \tag{7.8}$$

(c-2)　センタローディングコイル型

$$L = \frac{9.55}{f}\left\{\ln\left(\frac{2l}{d}\right)-1\right\}\left\{\cot\left(2\pi\frac{l-b}{\lambda}\right)-\tan\left(2\pi\frac{b}{\lambda}\right)\right\} \ [\mu H] \tag{7.9}$$

続いて，インダクタンス装荷型短縮モノポールアンテナを実際に設計してみる．

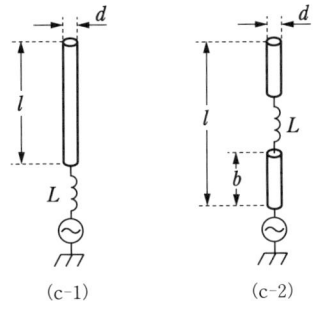

図7.4　インダクタンス装荷型短縮モノポールアンテナ

(1) ベースローディングコイル型

図7.5に示すように，設計周波数を $f=400\,\mathrm{MHz}(\lambda=0.75\,\mathrm{m})$，アンテナ長を $l=0.09\,\mathrm{m}$，放射素子の直径を $d=0.0016\,\mathrm{m}$ としてアンテナを設計する．ローディングコイルのインダクタンスは，式(7.8)より，

$$L=\frac{9.55}{f}\left\{\ln\left(\frac{2l}{d}\right)-1\right\}\cot\left(2\pi\frac{l}{\lambda}\right)$$

$$=\frac{9.55}{400}\left\{\ln\left(\frac{2\times 0.09}{0.0016}\right)-1\right\}\cot\left(2\pi\frac{0.09}{0.75}\right)$$

$$=0.095\,[\mu\mathrm{H}] \tag{7.10}$$

と計算できる．

次に，このインダクタンスが得られるローディングコイルの設計について述べる．図7.6に示すような空芯コイルのインダクタンスは，次の式で計算できる．

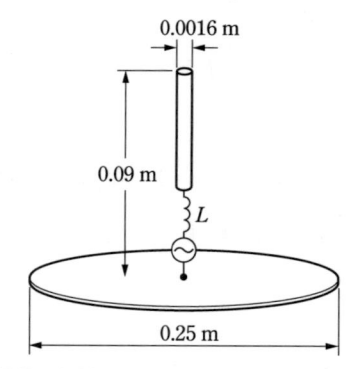

図7.5 インダクタンス装荷型短縮モノポールアンテナ（ベースローディングコイル型）

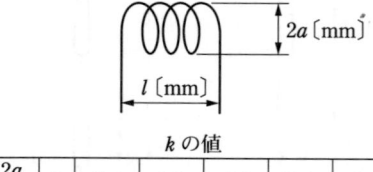

$\dfrac{2a}{l}$	0	0.4	0.5	1.0	2.0	3.0
k	1	0.850	0.818	0.688	0.526	0.129

図7.6 空芯コイルの作り方

$$L = 3.95ka^2\frac{N^2}{l} \text{[nH]} \tag{7.11}$$

ここで，a はコイルの半径〔mm〕，l はコイルの長さ〔mm〕，N はコイルの巻き数であり，k はコイルの直径と長さによって決まる図 7.6 の表に示す定数である．

式 (7.10) で求めたインダクタンス 0.095 μH（=95 nH）のコイルを，$2a=l=10$ mm の条件で設計する．この条件のときには，$k=0.688$ になる．式 (7.11) より各数値を代入すると，

$$\begin{aligned}L = 95 &= 3.95ka^2\frac{N^2}{l}\\ &= 3.95 \times 0.688 \times 5^2\frac{N^2}{10} \text{[nH]}\end{aligned} \tag{7.12}$$

となる．これより $N=3.74$ が求まるので，コイルの巻き数は 4 回とする．直径 1.2 mm のスズメッキ線でコイルを作り，これを用いて写真 7.3 に示すアンテナを製作した．写真 7.4 に示すように，その共振周波数は 393 MHz となった．構造上，完全なベース（アンテナの給電点）の位置にコイルを挿入することは難しく，コイルとグラウンド間に浮遊容量も生じてしまうが，コイルの長さ l を微調整すると，所望の 400 MHz に共振させることができる．

写真 7.3 インダクタンス装荷型短縮モノポールアンテナ（ベースローディングコイル型）

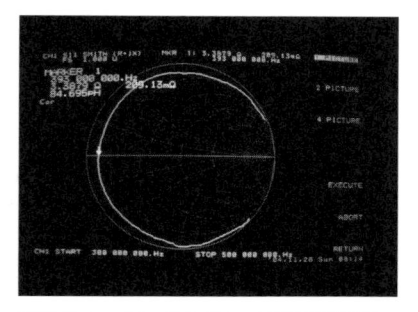

写真 7.4 インダクタンス装荷型短縮モノポールアンテナ（ベースローディングコイル型）の共振周波数

(2) センターローディングコイル型

図7.7に示すように，設計周波数を $f=450\,\mathrm{MHz}(\lambda=0.667\,\mathrm{m})$，アンテナ長を $l=0.09\,\mathrm{m}$，$b=0.04\,\mathrm{m}$，放射素子の直径を $d=0.0016\,\mathrm{m}$ として，アンテナを設計する．ローディングコイルのインダクタンスは，式(7.9)より以下のように計算できる．

$$L=\frac{9.55}{f}\left\{\ln\left(\frac{2l}{d}\right)-1\right\}\left\{\cot\left(2\pi\frac{l-b}{\lambda}\right)-\tan\left(2\pi\frac{b}{\lambda}\right)\right\}$$

$$=\frac{9.55}{450}\left\{\ln\left(\frac{2\times 0.09}{0.001}\right)-1\right\}\left\{\cot\left(2\pi\frac{0.09-0.04}{0.667}\right)-\tan\left(2\pi\frac{0.04}{0.667}\right)\right\}$$

$$=0.14\,[\mu\mathrm{H}]$$

(7.13)

式(7.11)によりコイルを設計し，写真7.5に示すアンテナを製作したところ，写真7.6に示すようにその共振周波数は462 MHzとなった．このアンテナでもコイルの長さ l を微調整すると，所望の450 MHzに共振させることができる．

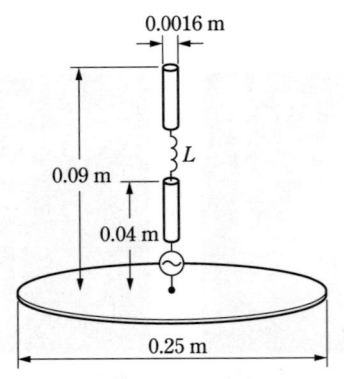

図7.7 インダクタンス装荷型短縮モノポールアンテナ
（センターローディングコイル型）

写真7.5 インダクタンス装荷型短縮モノポールアンテナ(センターローディングコイル型)

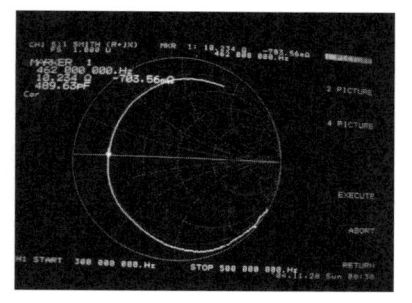

写真7.6 インダクタンス装荷型短縮モノポールアンテナ(センターローディングコイル型)の共振周波数

7.2　非接地型短縮アンテナ

　接地型アンテナはグラウンドとペアになって動作するアンテナだが，良好なグラウンドがアンテナの設置場所の近くにとれない場合も多々ある．そこで，ループアンテナのように接地を必要とせず，アンテナ単体で動作できる小形アンテナの要求も出てきている．

7.2.1　スパイラルリングアンテナ

　全周が1波長のループアンテナは，その性能の高さや扱いやすさから多用されているアンテナだが，その形状は大きなものである．そこで，1波長ループアンテナの放射指向性を維持しつつ小形化したアンテナが，筆者（根日屋英之），長谷部望氏，長澤総氏により考案された**スパイラルリングアンテナ**である．このアンテナは，アメリカ[7-1]，ドイツ[7-2]，ロシア[7-3]の文献でも紹介され，実用化もされている．また，このスパイラルリングアンテナの動作などについては，本書の

[7-1]　Electronics and Communications in Japan, Scripta Technica, 2000年9月号
[7-2]　Antennentechnik, Funkamateur, Theuberger Verlag, 2002年6月号
[7-3]　Малогабаитная спиральная кольцевая антенна, Материал подготовил Ю. Погребан

3.4 節で詳細に説明している．

図 7.8 と写真 7.7 にスパイラルリングアンテナの構造を示す．図に示すように，長さ L の導体線を半径 s で n 回巻きつけ，これをさらにピッチ角 α で半径 a の円形に構成した後，両端をそれぞれ高周波コネクタ中心導体及び外部導体に接続したアンテナである．

図 7.9 に，スパイラルリングアンテナの放射抵抗の変化を示す．MM はモーメント法によるシミュレーション結果，conv は起電力法による計算値，meas は試作したアンテナの実測値である．$\alpha=17$〜18 度で放射抵抗 R_a は 50 Ω となった．また，スパイラルリングアンテナは 1 波長ループアンテナと同様に自己平

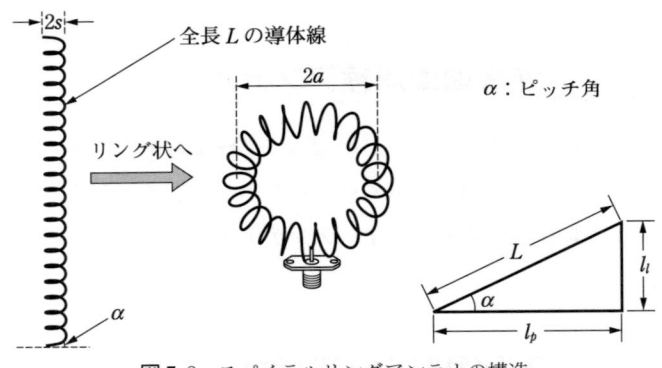

図 7.8 スパイラルリングアンテナの構造

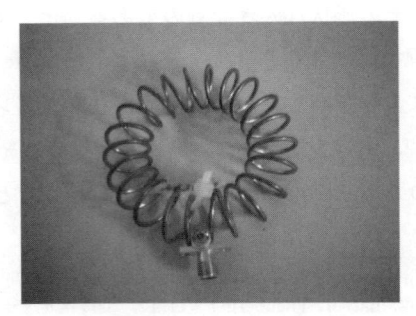

写真 7.7 製作したスパイラルリングアンテナ

7.2 非接地型短縮アンテナ

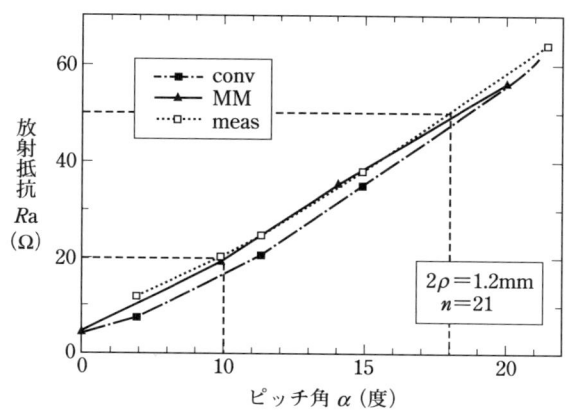

図7.9 スパイラルリングアンテナの放射抵抗

衡作用を有しているので，バランを介さずそのまま50Ω同軸ケーブルと接続できる．ここでは，ピッチ角αを17度，巻き数nを21回として，489 MHz用のスパイラルリングアンテナの設計をしてみることにする．

489 MHzの1波長(λ)の長さは，

$$\lambda = \frac{300\,[\text{m}]}{\text{周波数}\,[\text{MHz}]} = \frac{300}{489} \fallingdotseq 0.61\,[\text{m}] \tag{7.14}$$

放射素子（導体線）には，直径1.2 mmのスズメッキ線を使用する．

図7.10に，巻き数nをパラメータにしてピッチ角を変化させたときの$L/\lambda = f_{reso}/f_0$を示す．図中のMMは，モーメント法による計算値，measは試作したアンテナによる実測値である．ピッチ角αを20度より減じると1.5～1.9倍の共振周波数となり，nの増加で共振周波数が高域化しているのがわかる．これより，ピッチ角αを17度，巻き数nを21回としたときのスズメッキ線の長さLを1.6λとする．489 MHzの1.6λは，$L = 0.61 \times 1.6 = 0.98$ mである．この0.98 mの長さのスズメッキ線で21回巻きのスパイラル部分を作る．

$0.98 \div 21 \fallingdotseq 0.047\,\text{m} = 4.7\,\text{cm}$より，スパイラル1回巻き当たりのスズメッキ線の長さは4.7 cmとなる．図7.8のsはスパイラルの半径なので，

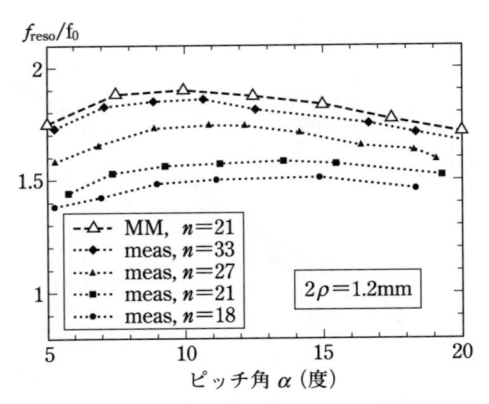

図7.10 スパイラルリングアンテナの共振周波数

$$s = \frac{スパイラル1回巻きあたりのスズメッキ線の長さ}{2\pi}$$

$$= \frac{4.7}{2\pi} = 0.75 \text{[cm]} \tag{7.15}$$

よって，スパイラルの直径 $2s$ は 1.5 cm となる．まず，0.98 m の長さのスズメッキ線で，図7.8に示すような直径 1.5 cm の 21 回巻きのスパイラル（コイル）を作る．リング周囲長 $(2\pi a)$ は，

$$2\pi a = L \sin \alpha \tag{7.16}$$

で求められる．ピッチ角 α が 17 度，$L=0.98$ m より，

$$2\pi a = L \sin \alpha = 0.98 \times \sin(17 度) = 0.285 \text{[m]} \tag{7.17}$$

となり，$a=0.045$ [m]$=4.5$ [cm] に決まる．最後に，先に作製した 21 回巻きのスパイラル（コイル）を半径 4.5 cm でリング状にし，高周波コネクタ（SMA コネクタ）に半田付けする．

写真7.8にインピーダンス特性，写真7.9にリターンロス特性を示す．写真でもわかるように，横軸は 400〜600 MHz，縦軸は 1 目盛り当たり 10 dB で，リターンロスが -32.6 dB となっている．

図7.11に示す座標系で本アンテナを水平偏波と垂直偏波に設置したとき，水平面内の放射指向特性の実測結果を図7.12に示す．

7.2 非接地型短縮アンテナ

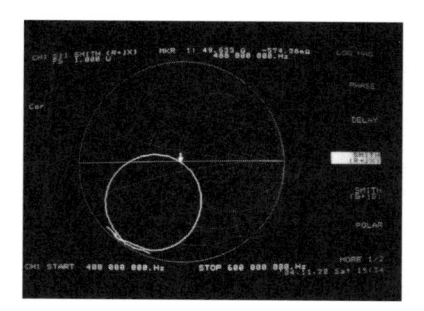

写真7.8 インピーダンス特性

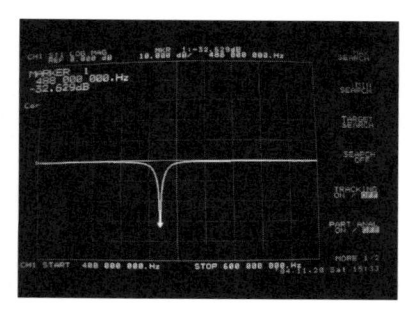

写真7.9 リターンロス特性

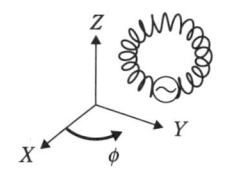

水平偏波の座標系

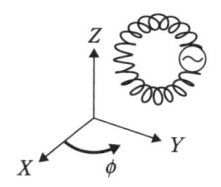

垂直偏波の座標系

図7.11 放射指向特性を測定したときの座標系

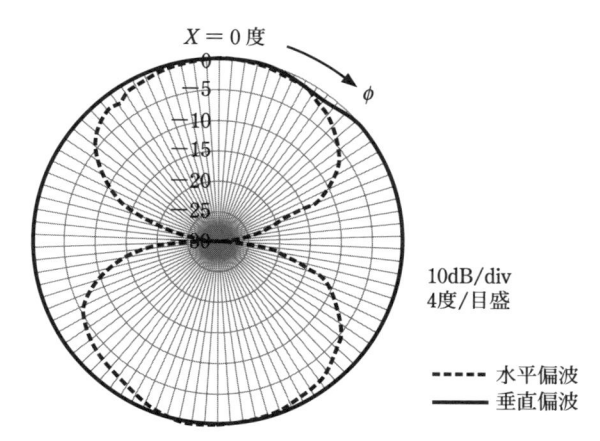

$X = 0$ 度

10dB/div
4度/目盛

----- 水平偏波
――― 垂直偏波

図7.12 水平面内（X-Y）放射指向性

製作したスパイラルリングアンテナは外形寸法が 0.176λ という小ささでありながら，半波長ダイポールアンテナに匹敵する +2.0 dBi という高い利得が測定されている．これらの結果より，スパイラルリングアンテナは，1 波長ループアンテナと同様な放射指向性を保持しつつ小形化されているアンテナであることがわかる．

7.2.2 　フェライトバーアンテナ

長波や短波など低い周波数のアンテナは，広大な土地に恵まれている場合を除き，アンテナは波長に比べて非常に小さくなる．例えば，受信機（ラジオ）に内蔵するようなアンテナなどには，高い透磁率を有する磁性体の棒状の**フェライト**を利用した**バーアンテナ**がよく用いられている．

磁束は図 7.13 に示すように，透磁率の高いところを通過する特性がある．真空中の透磁率を μ_0，磁性材料の透磁率を μ_m とすると，$\mu_m > \mu_0$ が成立するときには，磁束は束となって磁性材料の中を貫通する．これは，磁性材料の中の磁束密度 B_m が，真空中の磁束密度 B_0 に比べて高いことを意味する．この特性を利用して磁性材料のフェライト棒にコイルを巻くと，空気中で巻くコイルに比べて大きなインダクタンスを得ることができる．フェライトバーアンテナは図 7.14 に示すような形状で，そのインダクタンスは式(7.18)で計算できる．

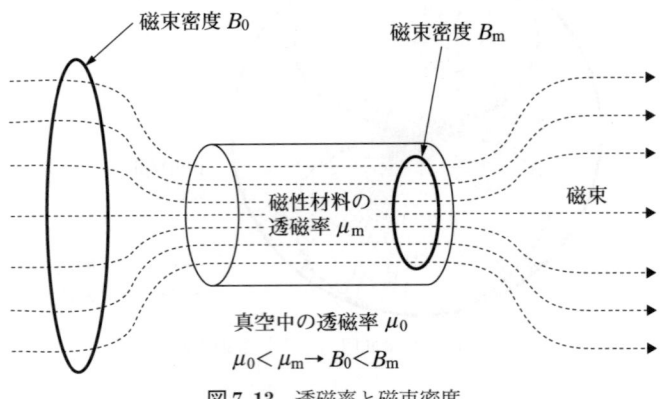

図 7.13 　透磁率と磁束密度

7.2 非接地型短縮アンテナ

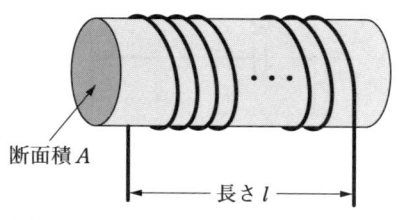

図7.14 フェライトバーアンテナの形状

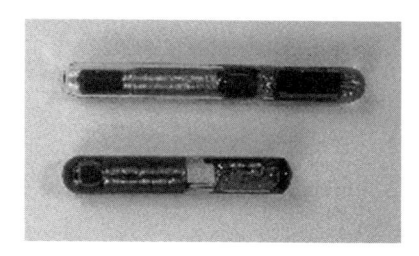

（日本テキサス・インスツルメント株式会社のWebページより）
写真7.10　134.2 kHzのフェライトバーアンテナ

$$L = \frac{\mu_0 \mu_m N^2 A}{l} \text{ [H]} \tag{7.18}$$

ここで，

$$\begin{cases} \mu_0：真空中の透磁率（1.257 \times 10^{-6} \text{ [H/m]}）\\ \mu_m：フェライト材の透磁率 \\ N：コイルの巻数 \\ A：フェライト材の断面積 \text{ [m}^2\text{]} \\ l：コイルの長さ \text{ [m]} \end{cases}$$

を表す．

　このアンテナのインピーダンス整合は，図7.15に示すような C_1，C_2 を用いた回路で実現できる．アンテナの放射抵抗を R_a，放射ループのインダクタンスを L，アンテナの給電点インピーダンスを Z_0，アンテナの共振周波数を f とすると，

図7.15 インピーダンス整合回路

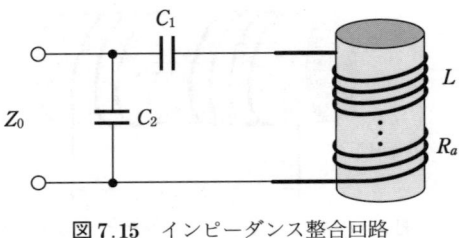

$$Z_0 = \cfrac{1}{-j2\pi f C_2 + \left(\cfrac{1}{\cfrac{1}{-j2\pi f C_1} + R_a + j2\pi f L}\right)} \tag{7.19}$$

が成り立つ．この式から，C_1 と C_2 は以下の式より求められる．

$$\begin{cases} C_1 = \cfrac{1}{(2\pi f)^2 \left(L - \cfrac{\sqrt{Z_0 R_a - R_a{}^2}}{2\pi f}\right)} \\ C_2 = \cfrac{\sqrt{Z_0 \cdot R_a - R_a{}^2}}{2\pi f Z_0 R_a} \end{cases} \tag{7.20}$$

第8章
マルチバンドアンテナの設計法

本章ではマルチバンドアンテナについて説明する．マルチバンドアンテナとは，給電点は一つであり，複数のスポット的な周波数で使用できるものである．

現在，8,000万端末の加入がある携帯電話の使用周波数が過密化してきており，新たな周波数割り当てとして700/900 MHz帯，1.7 GHz帯，2.5 GHz帯などが検討されている．端末数の増加傾向が緩やかになってきた携帯電話に比べ，今後の局数の増加が見込まれる無線LANでも，新たな周波数割り当ての検討が始まっている．このように，連続していない複数の周波数で同じ通信目的の同一無線機を接続するようなシステムには，マルチバンドアンテナを用いると便利である．例えば，2.45 GHz帯と5.2 GHz帯を1本のアンテナで共用している無線LAN用の2周波共用アンテナが，マルチバンドアンテナの事例である．

8.1　広帯域アンテナとマルチバンドアンテナの差異

ここで広帯域アンテナとマルチバンドアンテナの違いを説明する．

広帯域アンテナとは，下限周波数から上限周波数の間を連続的に使用できるアンテナである．近年，話題になっているUWB（Ultra Wide Band）用のアンテナは，広帯域アンテナに分類される．詳細は第9章で述べる．

一方，本章で述べる**マルチバンドアンテナ**とは，スポット的な複数の周波数で使用できるアンテナを意味する．マルチバンドアンテナは給電点が一つで，その各々のスポット周波数で良好な電気的特性が得られるように設計する．

最近のアマチュア無線用通信機では，1台の無線機で短波（HF）帯から，周

スタンダード社製
ATAS-120

（スタンダード社のWebページより）
写真 8.1　アマチュア無線用のマルチバンドアンテナ

波数の高いものでは SHF 帯まで対応するものもある．このような現状から，製品化されているアンテナでもマルチバンド対応のものが多い．写真 8.1 に示すアンテナは，自動車に取り付けた 1 本のアンテナで，7 MHz 帯から 430 MHz 帯までの多くの周波数（一部のアマチュア無線割り当て周波数を除く）で運用できるように設計されたマルチバンドアンテナである．

8.2　マルチバンドアンテナの事例

マルチバンドアンテナは，古くからその設計事例が紹介されている．以下にその代表的な事例を紹介する．

8.2.1　アンテナを並列接続するマルチバンド化

放射素子を運用する周波数帯の数だけ一つの給電点に接続するマルチバンド化の方法である．図 8.1 にモノポールアンテナ，図 8.2 にダイポールアンテナの f_1 と f_2 に対応させた本方式による 2 周波のマルチバンド化を示す．

並列接続方式のアンテナは，図 8.3 に示すような無線 LAN 用のノートパソコン内蔵アンテナなどで使用されている．これは，ノートパソコンのディスプレイ

8.2 マルチバンドアンテナの事例

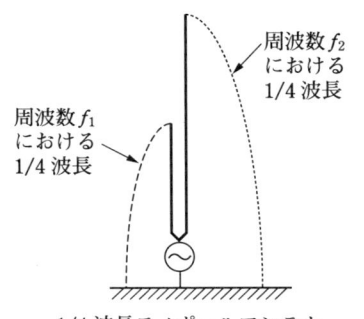

図8.1 並列接続による1/4波長モノポールアンテナ

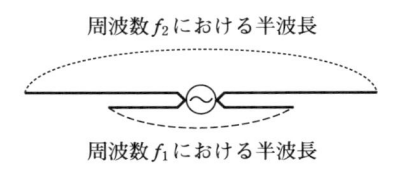

図8.2 並列接続による半波長ダイポールアンテナ

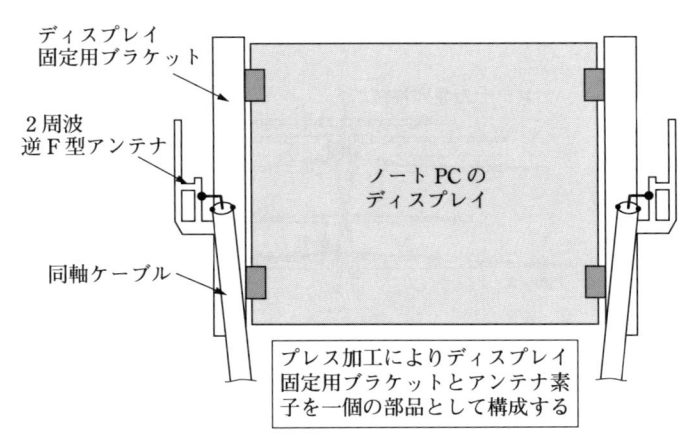

図8.3 ノートパソコンに取り付けたマルチバンドアンテナ

パネルを固定するブラケットと一体となって型抜きされた板金によるアンテナで，そこに給電用の同軸ケーブルを付けた簡単なものである．非常に低価格なアンテナの事例でもある．構造は図8.4に示すように，2.45 GHz帯用と5.2 GHz帯用の2本の逆F型アンテナを並列接続したものである．

図8.5に示す米Sommer社の八木・宇田アンテナとして，本方式の製品(XP 404)が販売されている．また，この方式は図8.6に示すように，ループアンテナ（キュービカルクワッドアンテナ）でもよく用いられ，実用化されて

128　第8章　マルチバンドアンテナの設計法

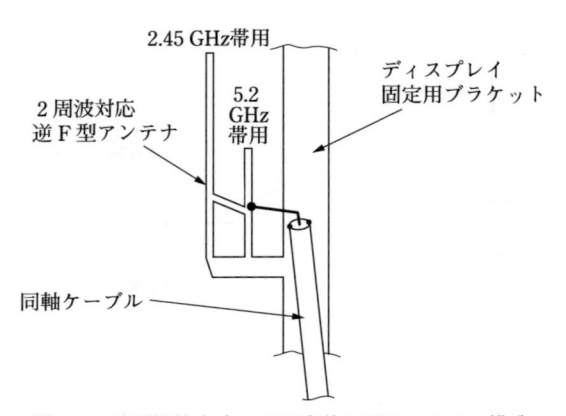

図8.4　並列接続方式の2周波逆F型アンテナの構造

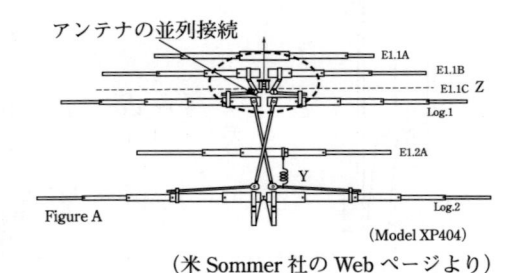

図8.5　米Sommer社の八木・宇田アンテナ
（米Sommer社のWebページより）

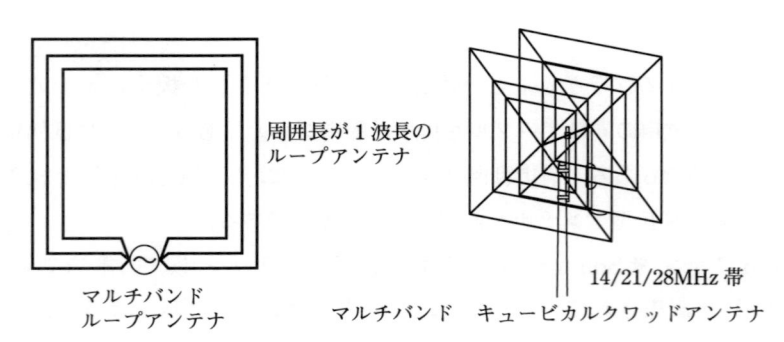

図8.6　ループアンテナの実用例

8.2.2 高調波アンテナによるマルチバンド化

基本となる周波数の奇数倍の周波数でアンテナを動作させるマルチバンド化の方法である．図8.7にモノポールアンテナ，図8.8にダイポールアンテナの基本周波数 f とその3倍の周波数 $3f$ に対応させた，本方式による2周波のマルチバンド化を示す．

8.2.3 無給電素子を付加したアンテナのマルチバンド化

高周波的に疎結合させた周波数の異なる無給電素子を，給電されている放射素子の近辺に配置してマルチバンド化する方法である．図8.9にモノポールアンテナ，図8.10にダイポールアンテナの本方式による2周波のマルチバンド化を示す．

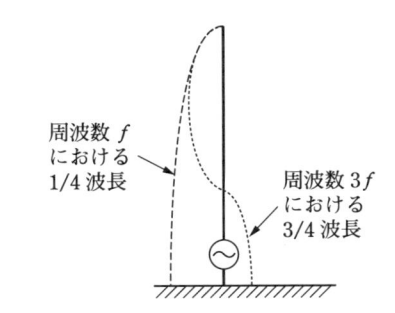

図8.7 奇数倍の周波数を使用するモノポールアンテナ

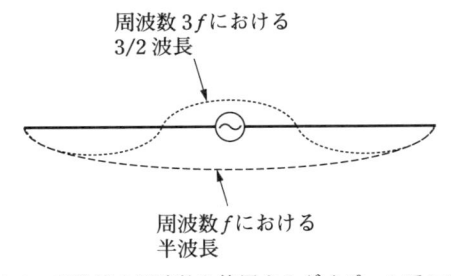

図8.8 奇数倍の周波数を使用するダイポールアンテナ

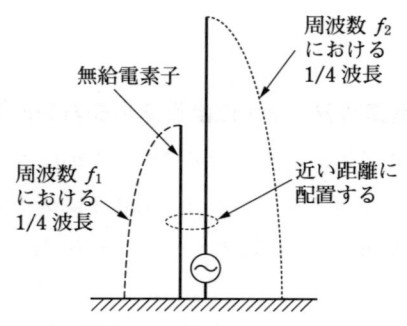

図 8.9　無給電素子を付加したモノポールアンテナ

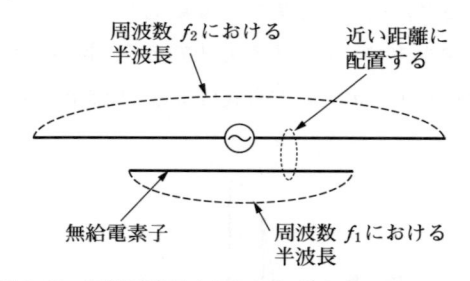

図 8.10　無給電素子を付加したダイポールアンテナ

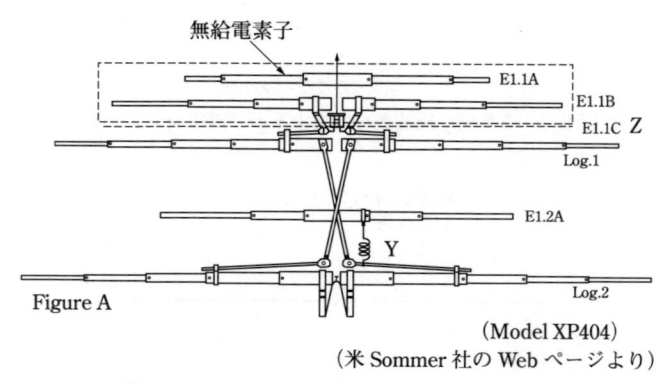

（Model XP404）
（米 Sommer 社の Web ページより）
図 8.11　米 Sommer 社の八木・宇田アンテナ

8.2 マルチバンドアンテナの事例

プリント基板に構成したボータイスロットアンテナ

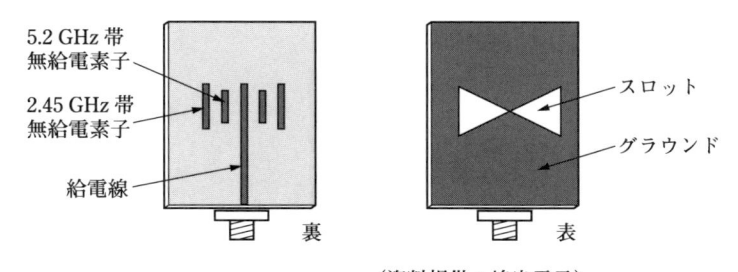

5.2 GHz 帯無給電素子
2.45 GHz 帯無給電素子
給電線
裏
スロット
グラウンド
表

（資料提供：峰光電子）

図 8.12 マルチバンドボータイスロットアンテナ

コイルのインダクタンスが増えると，アンテナの共振周波数が低くなる．

コイルのインダクタンスが増えると，アンテナの共振周波数が低くなる．

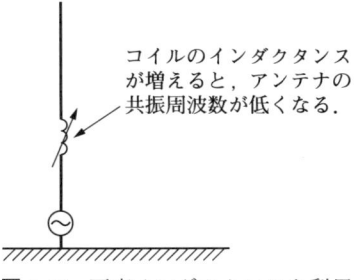

図 8.13 可変インダクタンスを利用した 1/4 波長モノポールアンテナ

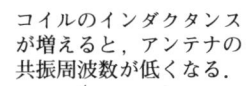

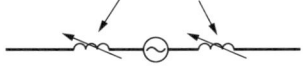

図 8.14 可変インダクタンスを利用した半波長ダイポールアンテナ

　製品の事例では，図 8.11 に示す米 Sommer 社の八木・宇田アンテナ（XP 404）や，図 8.12 に示す峰光電子社（www.e-hoko.com）の 2 周波無線 LAN 用アンテナ（ボータイスロットアンテナ）などがある．

8.2.4　可変インダクタンスを利用するマルチバンド化

　自由空間の波長に対して短い放射素子の途中に挿入したコイルのインダクタンスを変化させ，アンテナの共振周波数を変える方式である．図 8.13 にモノポールアンテナ，図 8.14 にダイポールアンテナでの本方式を示す．写真 8.2 に示すような製品例もある．

7 MHz 帯から 430 MHz 帯（一部周波数帯を除く）に対応したチューニングアンテナ

（スタンダード社のWebページより）

写真 8.2　スタンダード社の ATAS-120

コンデンサの容量が増えると，アンテナの共振周波数が低くなる．

FR ラジオ社製
マグネチックループアンテナ
FRM-3506

マグネチックループアンテナ

FRM-3508 SWR

（FRラジオ社のWebページより）

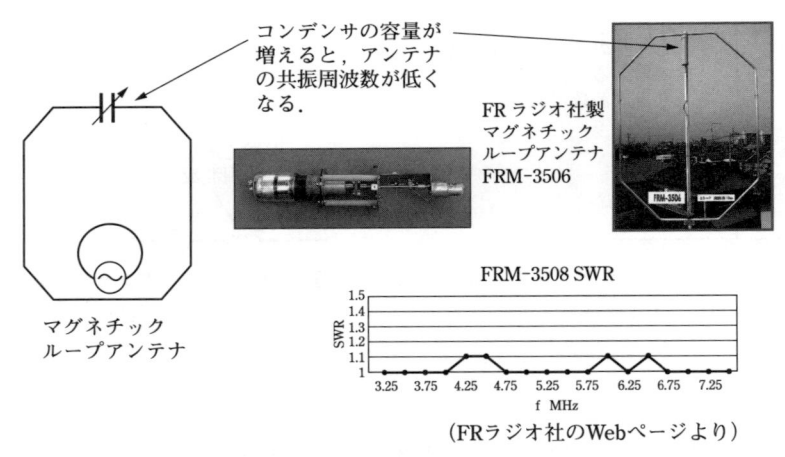

図 8.15　マグネチックループアンテナ

8.2.5 可変キャパシタンスを利用するマルチバンド化

　図 8.15 に示すように，周囲長が 1 波長となっている従来のループアンテナに比べて非常に小形のループアンテナを所望の周波数に共振させるために，容量が可変できるコンデンサをループに直列に挿入し，その容量を変化させることによっていろいろな周波数で使用できるように工夫された**マグネチックループアンテナ**が実用化されている．

　このアンテナは非常に小形で，Q の高い共振器である．周囲長が 1 波長のルー

プアンテナに比べ、小形の割には放射効率が高く、放射素子を銅で構成した場合、外形寸法が1波長ループアンテナの50%のときに放射効率は約74%（利得は+3 dBi 程度）、30%のときに放射効率は約37%（利得は0 dBi 程度）、10%のときに放射効率は約0.75%（利得は-17 dBi 程度）である。

8.2.6　トラップによるマルチバンド化

図8.16に示すような放射素子の途中に、コイル L とコンデンサ C によるトラップと呼ばれる並列共振回路を挿入する。この並列共振回路は、

$$f = \frac{1}{2\pi\sqrt{LC}} \tag{8.1}$$

で与えられる周波数 f において、トラップの入出力インピーダンスが非常に高くなる。

この特性を利用して、トラップの下側の放射素子長が周波数 f の1/4波長となるとき、このアンテナに周波数 f の高周波信号を供給すると、トラップから上の放射素子は電気的に切り離され、周波数 f の1/4波長モノポールアンテナとして動作する。

このアンテナは、給電点からトラップの上側の放射素子までを含めた全長が1/4波長となる周波数 f' でも、センターローディング型の短縮モノポールアンテナとして動作する。

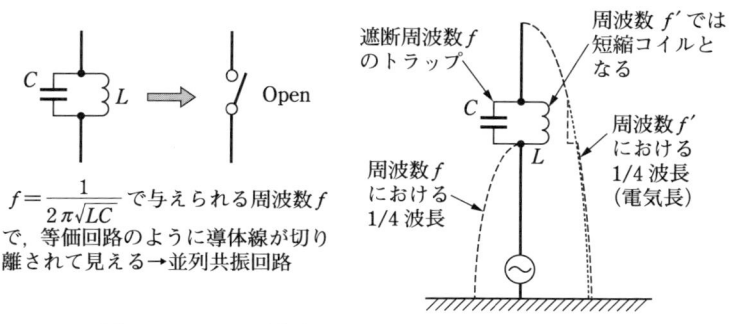

図8.16　トラップ方式マルチバンドモノポールアンテナ

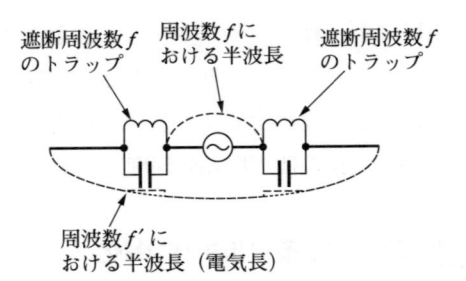

図 8.17　トラップ方式マルチバンドダイポールアンテナ

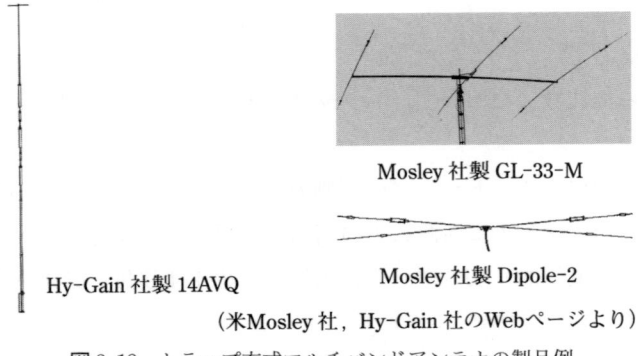

図 8.18　トラップ方式マルチバンドアンテナの製品例

図 8.17 に示すように，ダイポールアンテナの放射素子間にトラップを挿入したマルチバンドダイポールアンテナも広く用いられている．図 8.18 に，トラップ方式のモノポールアンテナ，ダイポールアンテナ，八木・宇田アンテナの製品の例を示す．

8.2.7　アンテナ長を機械的に変化させるマルチバンド化

放射素子の長さを**機械的に**変化させ，アンテナの共振周波数を変えるマルチバンド化である．図 8.19 にモノポールアンテナとダイポールアンテナでの概要を，図 8.20 に Fluidmotion 社製 SteppIR 八木・宇田アンテナの給電部を示す．

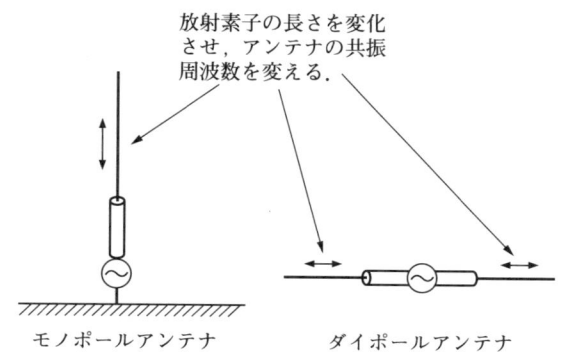

8.2 マルチバンドアンテナの事例

モノポールアンテナ　　　　ダイポールアンテナ

図 8.19　放射素子の長さを機械的に変化させるマルチバンドアンテナ

アンテナハウジング　　　14〜50MHz帯

アンテナハウジングの中にあるステッピングモーターが作動し2個のスプロケットよりアンテナ放射素子である銅製ベルトを左右のグラスファイバーポール内で伸張させる．

Fluidmotion社製
SteppIRビームアンテナ

（ビームクエスト社の
　Webページより）

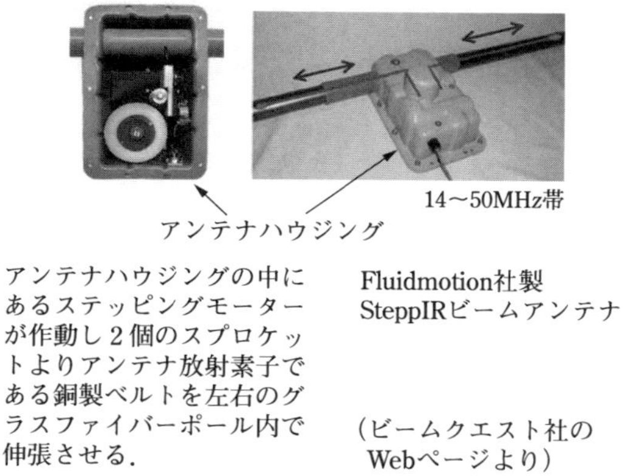

図 8.20　Fluidmotion 社製 SteppIR 八木・宇田アンテナの給電部

8.2.8　アンテナチューナを併用したマルチバンド化

任意の長さの放射素子を有する目的周波数以外のアンテナに，広帯域のインピーダンス整合回路（**アンテナチューナ**と呼ばれている）を併用して，目的の周波数でアンテナを用いる方法である．図 8.21 にその製品例を示す．

図 8.21 アンテナチューナを併用したマルチバンド化の例

（図中の説明）
任意長の放射素子とアンテナチューナを組合せ，アンテナの共振周波数を変える．

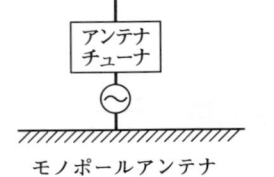

モノポールアンテナ

アイコム社製 AH-4 アンテナチューナ
7m 以上の線状放射素子 1 本を用い，3.5 〜 54 MHz 帯までのマルチバンドで使用できる．
（アイコム社のWebページより）

8.2.9　マルチバンドアンテナの今後の課題

以上，アンテナのマルチバンド化について述べたが，今後のマルチバンドアンテナの技術的な課題として，

- 高効率化
- 広帯域化
- 使用周波数間の干渉の低減
- 放射指向特性の改善

などがあげられる．

第9章

広帯域アンテナ

　前章で述べたマルチバンドアンテナとは，給電点は一つで，スポット的な複数の周波数で使用できるアンテナであった．本章で述べる**広帯域アンテナ**とは，下限周波数から上限周波数の間を連続的に使用できるアンテナである．

　アンテナを共振回路としてとらえると，その帯域は狭くなる．例えば，図9.1に示すようなダイポールアンテナでは，その放射素子の両端が開放状態になっているので，給電点から流れ出した高周波電流は端部で反射を起こす．この反射による高周波信号は，反対側の端で再び反射を起こす．この反射の繰り返しで，ダイポールアンテナでは図の最下部に示すような電流分布を呈する．このとき，この電流分布が半波長となる共振周波数が存在し，ダイポールアンテナは一種の共

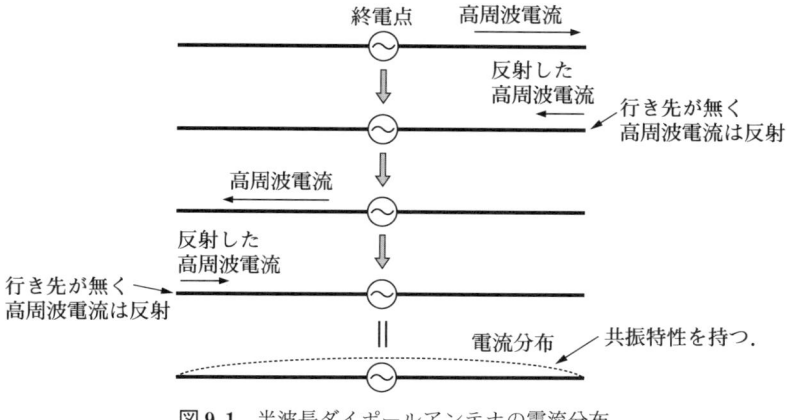

図9.1 半波長ダイポールアンテナの電流分布

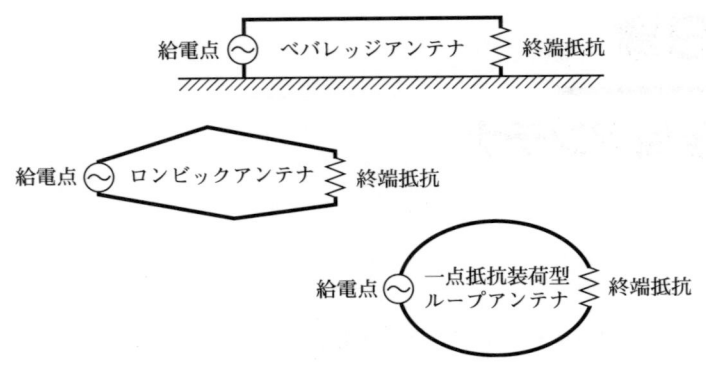

図 9.2　進行波型アンテナ

振回路となり，周波数帯域は狭くなる．

　広帯域アンテナを実現する方法として，アンテナ放射素子において，給電点の反対側の端をアンテナの放射素子と整合の取れた抵抗で終端し，そこからの反射が起きないようにして広帯域化を図るアンテナがある．これを**進行波型アンテナ**という．図 9.2 に代表的な進行波型アンテナを示す．概してこの種のアンテナは形状が大きい．

9.1　UWBとは

　近年，話題になっている UWB（Ultra Wide Band）に用いられるアンテナは，周波数特性が広帯域であるというだけでは使用できない．そこには，UWB システム特有のアンテナへの技術的な要求がある．本節では，今までのアンテナの設計手法だけでは実現できない UWB 用の広帯域アンテナに要求される仕様を意識しながら，以下にその広帯域アンテナの実現へのヒントを述べる．

　アンテナについて論ずる前に，UWB の概要を説明する．UWB の標準化は IEEE 802.15.3 a で協議されており，現在，次の 2 方式が提案されている．以下に簡単に両方式について述べる．

9.1.1 DS-UWB方式

　Motorola と NiCT（National Institute of Information and Communications Technology：独立行政法人情報通信研究機構）が提案している，**インパルスラジオ**（IR：Impulse Radio）方式と **DS-SS**（Direct Sequence Spread Spectrum：直接拡散スペクトラム拡散）方式を合わせた方式が **DS-UWB方式**である．

　インパルスラジオ方式（以下 IR 方式と呼ぶ）とは，図 9.3 にその一例を示すように，非常に短いパルス信号によって情報を送受信する方式である．このパルスの数が 1 周期，2 周期，10 周期のときのスペクトラムと電力密度の関係を図 9.4 に示す．図からもわかるように，パルスの数が 1 周期の IR 方式では，アンテナへの広帯域特性が要求される．

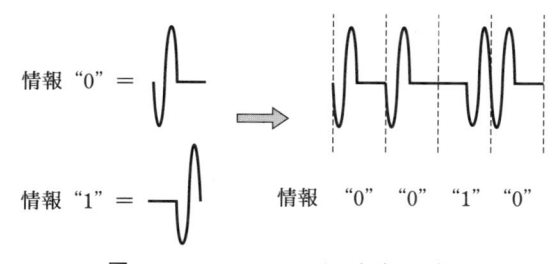

図 9.3　インパルスラジオ方式の一例

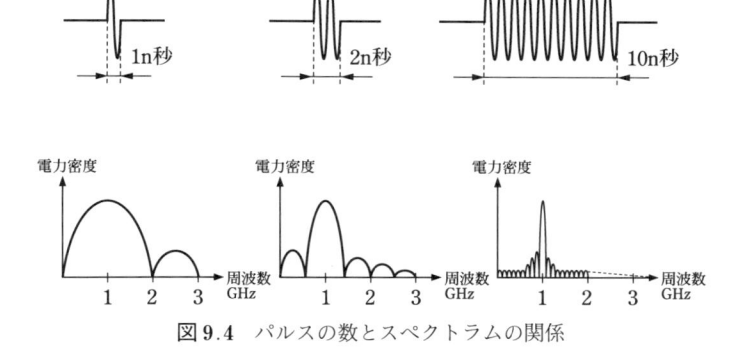

図 9.4　パルスの数とスペクトラムの関係

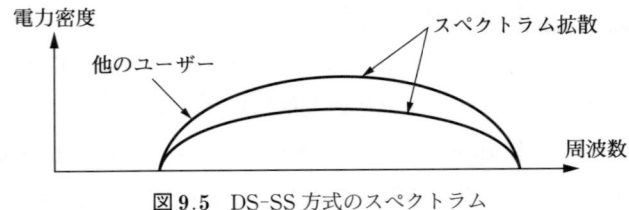

図 9.5　DS-SS 方式のスペクトラム

　DS-SS 方式は図 9.5 に示すように，搬送波を拡散符号により直接広帯域に拡散する方式で，広い周波数帯域が必要になるが，信号の強さは弱くても情報を伝送することが可能である．これは，携帯電話や無線 LAN などでも使われている方式である．

9.1.2　マルチバンドOFDM方式

　MBOA（MultiBand OFDM Alliance：IEEE 802.15.TG 3 a における標準化を検討している Intel や Texas Instruments，日本からは NEC，松下電器産業，三菱電機，富士通など 50 社以上が参加する非営利団体）は，**マルチバンドOFDM 方式**を提案した．MBOA は 2005 年 4 月に **WiMedia Alliance** と合併し，新組織は **WiMedia-MultiBand OFDM Alliance** という名称になった．

　図 9.6 に，マルチバンド OFDM（Orthogonal Frequency Division Multiplexing：直交周波数分割多重）方式のスペクトラムを示す．一定の周波数帯域内で，複数の周波数の搬送波を同時に使用して通信する変調方式である．UWB の帯域全体を約 500 MHz のサブバンドに分割（マルチバンド化）し，その各サブバンドは OFDM 方式による多くのサブキャリアで構成される．この方式でもアンテナには広帯域特性が要求される．

　ここで，アンテナの**帯域幅** BW の定義を，

$$BW = \frac{\text{最高周波数} - \text{最低周波数}}{\frac{1}{2}(\text{最高周波数} + \text{最低周波数})} \times 100 \; [\%] \tag{9.1}$$

とする．例えば，140〜150 MHz をカバーするようなアンテナを考えると，その

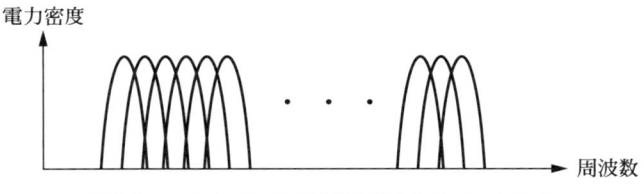

図 9.6 マルチバンド OFDM 方式のスペクトラム

アンテナの帯域幅 BW は，

$$BW = \frac{150-140}{\frac{1}{2}(150+140)} \times 100 \fallingdotseq 6.9 \,[\%] \tag{9.2}$$

となる．UWB の帯域幅 BW は，中心周波数の 20％（アメリカ DARPA では 25％としている）以上，または 500 MHz 以上とされているが，UWB 用アンテナに要求される周波数帯域は，一般的に 3.1〜10.6 GHz をカバーするものが望まれている．そこで，この帯域でのアンテナの帯域幅 BW を計算すると，

$$BW = \frac{10.6-3.1}{\frac{1}{2}(10.6+3.1)} \times 100 \fallingdotseq 109 \,[\%] \tag{9.3}$$

となる．

9.2　広帯域アンテナの事例

以下に，アンテナの広帯域化設計手法のいくつかを紹介する．

9.2.1　無給電素子の付加

アンテナは，放射素子に無給電素子を付加することによって広帯域化を行うことができる．それは，図 9.7 に示すような並列共振回路の**スタガー同調回路**の考え方と同じである．したがって，図中の左図に示すような一つの並列共振回路の帯域を広げたい場合には，右図のように共振周波数がわずかに異なる二つの共振回路を小容量のコンデンサで**疎結合**すると実現できる．

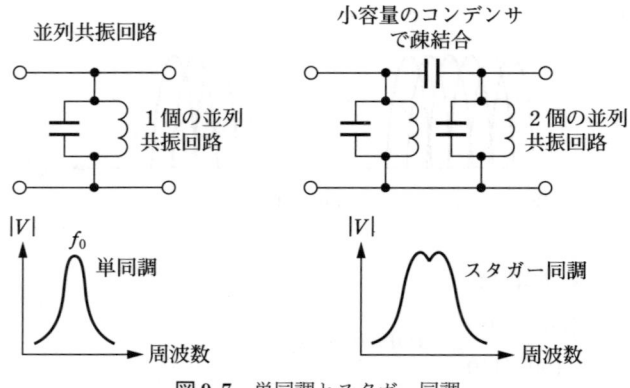

図 9.7　単同調とスタガー同調

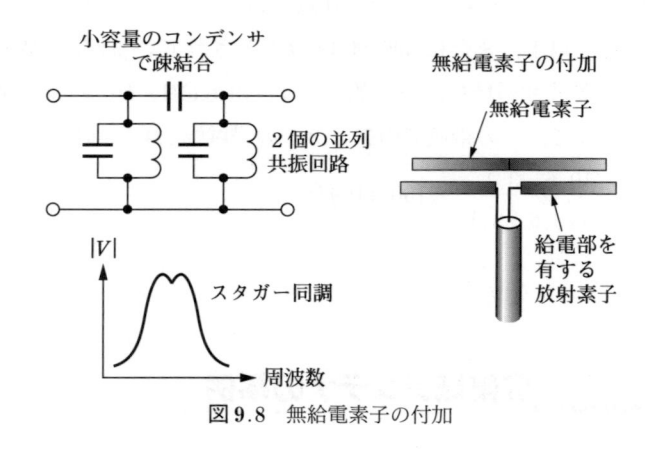

図 9.8　無給電素子の付加

アンテナも同様に，図 9.8 に示すように一つの共振回路に相当する給電点を有する放射素子に共振周波数の若干異なる無給電素子を付加し，それらが疎結合するように各々の素子を配置することによって，帯域を広げることができる．しかしこの方法では，UWB に使用できるほどの広帯域特性は得られない．

9.2.2　ディスコーンアンテナ

広帯域の水平面内無指向性のアンテナとして，図 9.9 に示すような**ディスコー**

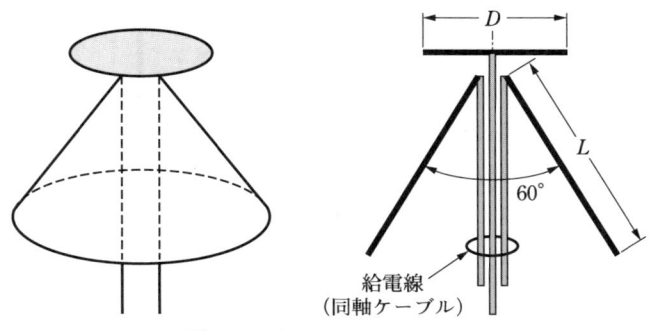

図9.9 ディスコーンアンテナ

ンアンテナがある．このアンテナは，帯域幅も非常に広く，周波数による群遅延の変化も小さいのが特徴である．使用最低周波数を f_{Low}，給電点インピーダンスを $50\,\Omega$ としたいとき，図中の各部の寸法は，

$$\begin{cases} L = \dfrac{75{,}000}{f_{\text{Low}}\,[\text{MHz}]}\,[\text{mm}] \\ D = \dfrac{52{,}500}{f_{\text{Low}}\,[\text{MHz}]}\,[\text{mm}] \end{cases} \tag{9.4}$$

で与えられる．このアンテナは，UWB用として利用されている．

9.2.3 自己補対型アンテナ

自己補対型の構造を持つアンテナも非常に広帯域な特性となる．その代表的な例として，図9.10に示すような直線偏波の**ログペリオディックダイポールアンテナ**（対数周期型ダイポールアンテナ）がある．このアンテナは，インピーダンスが変動しないように一つ目の放射素子から給電し，さらに一つごとに位相反転給電が行われている．この給電方法の利点は，インピーダンス整合器を用いることなく広帯域特性が得られることである．また，このアンテナは，周波数により放射特性がほとんど変わらない単一指向性となる．式(9.5)を満足するように設計する．しかし，このログペリオディックダイポールアンテナは広帯域特性を有しているが，周波数による群遅延量が変化するので，インパルス状の電波の送受

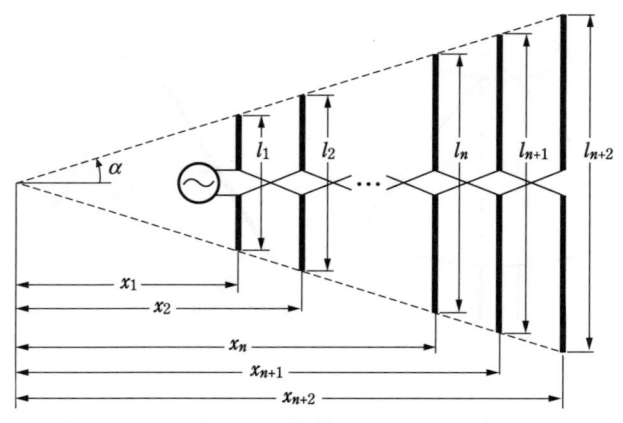

図 9.10 ログペリオディックダイポールアンテナ

信を行う UWB 通信には向いていない．

$$\begin{cases} \gamma = \dfrac{x_{n+1}}{x_n} = \dfrac{l_{n+1}}{l_n} \cdots\cdots\cdots 対数周期の条件 \\ \tan\alpha = \dfrac{l_n}{x_n} \cdots\cdots\cdots\cdots 自己補対の条件 \end{cases} \quad (9.5)$$

9.2.4　板状広帯域アンテナ

　岡野好伸氏が「TV-UHF 帯用**板状広帯域アンテナの開発**」（電子情報通信学会論文誌（B），Vol. J 85-B，No. 8）を発表した．図 9.11 に示すこのアンテナは，無給電素子の装荷や特別なインピーダンス整合回路がなく，広い帯域で同軸ケーブルの特性インピーダンスに合わせることができる．給電点インピーダンスを 75 Ω として設計したとき，アンテナ単体で VSWR が 2 以下の周波数帯域は約 40％，また，反射板を併用すると，VSWR が 1.7 以下の周波数帯域は約 50％となり，利得も＋7.6〜＋8.2 dBi と報告されている．

9.2.5　広帯域モノポールアンテナ

　図 9.12 に，東京電機大学の小林岳彦氏が考案した水平面内無指向性の**広帯域**

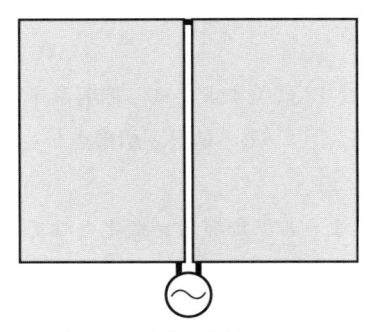

図 9.11　板状広帯域アンテナ

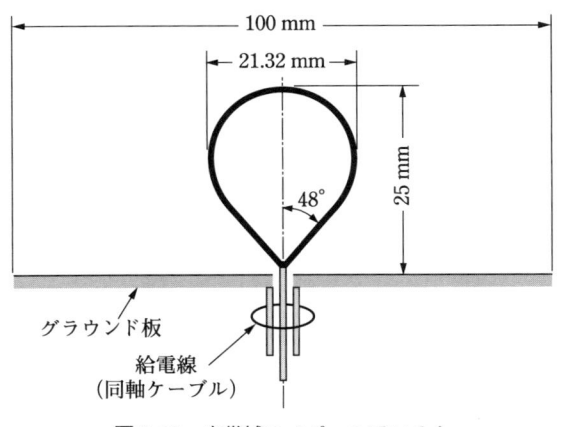

図 9.12　広帯域モノポールアンテナ

モノポール（ティアードロップ）アンテナの概要を示す．このアンテナは，帯域幅も広く，周波数による群遅延の変化も小さく，また，周波数が変化しても垂直面の打ち上げ角がほとんど変化しないことが特徴である．VSWR は 3〜20 GHz で 1.3 以下を実現しており，利得も $-2\,\mathrm{dBi}\pm 2\,\mathrm{dB}$ となっている．UWB 用のアンテナとして適している．

9.2.6　放射素子の面状化と反共振

筆者らは現在，アンテナの広帯域化へのアプローチとして，以下の 2 点に着目

している．

①**高周波電流の分散**：図 9.13 に示すように，放射素子の形状を給電点から離れて行くにつれて面積を広くし，その結果，給電点から遠い部分で高周波電流の密度が低くなるようにする．

②**反共振**：図 9.14 に示すように，周波数を変化させてもアンテナ素子の給電点インピーダンス（$Z=R+jX$）の抵抗成分 R の変化が小さくなるように，給電点をハイインピーダンス（反共振）として電圧給電する．

これらのアイディアを織り込んで，図 9.15 に示すようなアンテナの形状を考

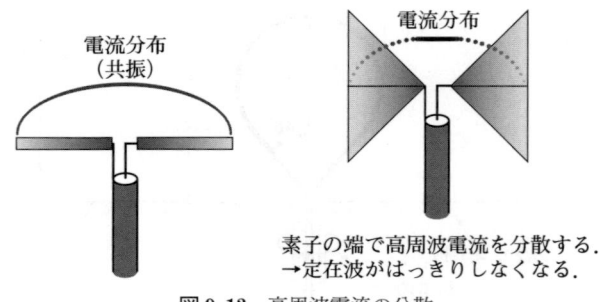

図 9.13 高周波電流の分散

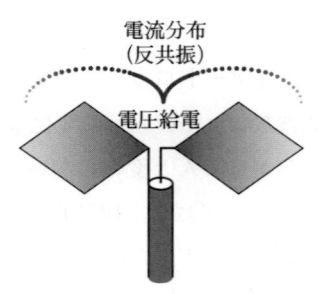

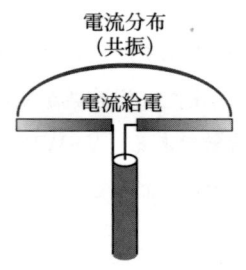

図 9.14 反共振

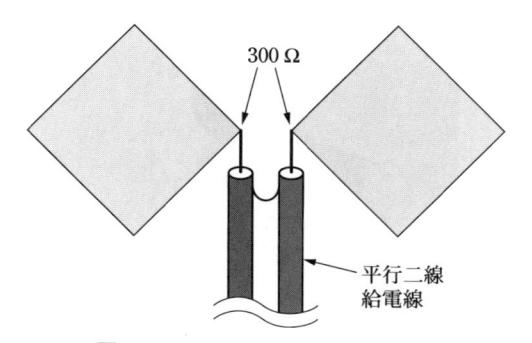

図 9.15 広帯域アンテナの素子形状

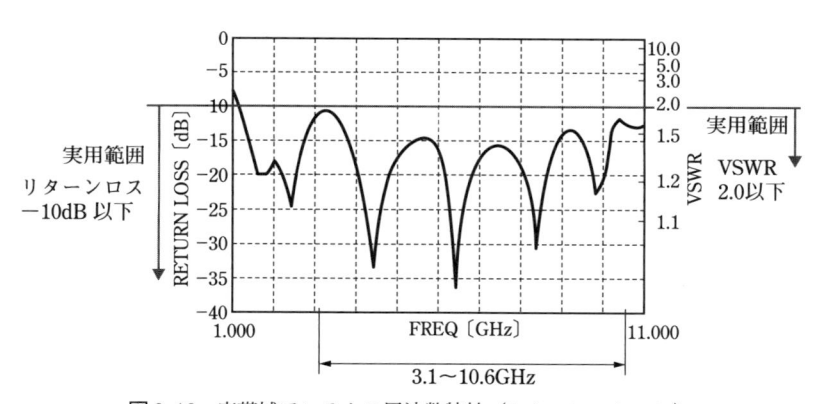

図 9.16 広帯域アンテナの周波数特性（シミュレーション）

案（意匠登録済）した．コンピュータによるシミュレーション（モーメント法）を行ったところ，図 9.16 に示すような広帯域特性が得られた．

9.2.7　ホーンアンテナ

マイクロ波やミリ波の無線通信システムでは，**導波管**と接続性の良い直線偏波の**ホーンアンテナ**がよく用いられる．写真 9.1 と図 9.17 にその概要を示す．所望の利得を g_a〔dBi〕とすると，図中の各寸法は以下の式によって求められる．

写真 9.1　ホーンアンテナ

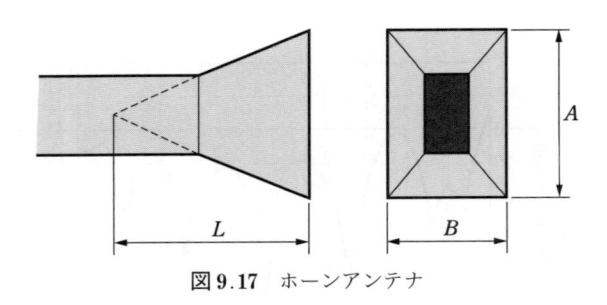

図 9.17　ホーンアンテナ

$$\begin{cases} A = 0.443\lambda\sqrt{10^{\frac{g_a}{10}}} \\ B = 0.359\lambda\sqrt{10^{\frac{g_a}{10}}} \\ L = 0.654\lambda\sqrt{10^{\frac{g_a}{10}}} \end{cases} \tag{9.6}$$

9.3　UWB用アンテナでの留意点

UWB用としてアンテナを使用する場合は，以下のことに留意する必要がある．

① UWBレーダやインパルスラジオのように，モノパルスの電波を使ってセンシングや通信を行うシステムにおいて，モノパルスのパルス幅が非常に狭い場

9.3 UWB用アンテナでの留意点

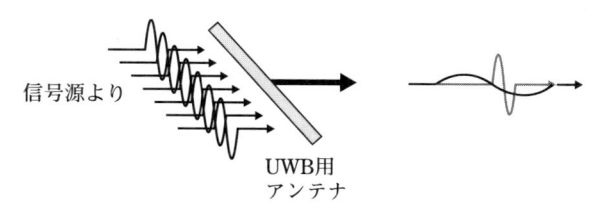

図 9.18 モノパルスを受信するアンテナの問題点

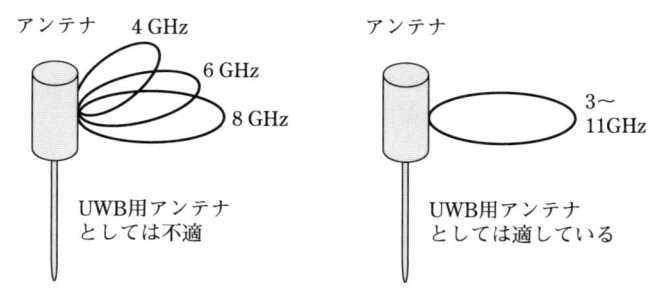

図 9.19 周波数によって放射方向が異なる問題点

合は，図 9.18 に示すようにアンテナの開口面が電波の反射源に向いていないとき，受信したインパルスの波形は時間幅をもったモノパルスの合成波形となってしまう．この**波形歪**は，UWB システムにとっては問題となる．

② **群遅延特性**の偏差は，3.1〜10.6 GHz の帯域で 0.5 nS 以内に収めたい．
③ 利得の偏差は，3.1〜10.6 GHz の帯域で ±2 dB 以内に収めたい．
④ 図 9.19 に示すように，送信する周波数によって電波が放射される方向が異なってしまうアンテナは，UWB 用としては適していない．
⑤ 送信機からモノパルスの波形を送信すると，モノパルスの波形の形状がその放射方向によって変わってしまう**空間分散特性**にも配慮する必要がある．

第10章

電子回路とアンテナの融合

アンテナ単体の研究もいろいろ行われているが,より高性能なアンテナを目指していくと,アンテナ単体での高性能化には限界が見えてくる.そこで近年では,**アダプティブアレイアンテナ**に代表されるような,電子回路とアンテナの融合も研究されている.本章ではその一例として,小形でありながら鋭い指向性を得られるアンテナとして,電子回路による**位相逓倍**機能を組み合わせたアレイアンテナシステムの例を紹介する.

アレイアンテナとは図 10.1 に示すように,素子アンテナ(アレイアンテナを構成する基本アンテナ)を空間的に素子間隔 d で配置し,個々の素子アンテナからの位相差を考慮した信号を合成することにより,尖鋭な指向性を有するアンテナである.

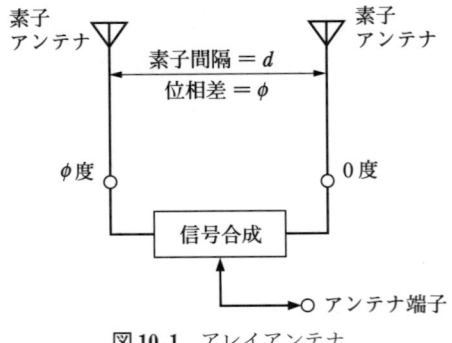

図 10.1 アレイアンテナ

10.1 アレイアンテナとアレイファクタ

図 10.2 に示す座標系において，**アレイファクタ**を表す式を式(10.1)に示す．点波源を考えて，$\theta=90$ 度，$\phi=0\sim360$ 度まで変化させたときの 2 素子アレイファクタを $f(\phi)$ とおく．式では＋は**同相合成**，－は**逆相合成**を表している．

$$\begin{cases} f(\phi)=\exp\left(j\dfrac{\pi}{\lambda}d\cos\phi\right)\pm\exp\left(-j\dfrac{\pi}{\lambda}d\cos\phi\right) \\ \quad =2\cos\left(\dfrac{\pi}{\lambda}d\cos\phi\right)\cdots(\text{同相合成}) \\ \quad =j2\sin\left(\dfrac{\pi}{\lambda}d\cos\phi\right)\cdots(\text{逆相合成}) \end{cases} \quad (10.1)$$

ここで，λ は自由空間中での 1 波長を表す．採用する素子アンテナの指向性係数を $D_{\theta(\phi)}$ とすると，合成指向性 $D_{r(\phi)}$ は次の式で表すことができる．

$$D_{r(\phi)}=D_{\theta(\phi)}\cdot f_{(\phi)} \quad (10.2)$$

素子アンテナに無指向性のアンテナを用いれば，アレイアンテナの指向性幅はアレイファクタそのものになる．また，素子アンテナに指向性アンテナを用いれば，アレイアンテナの指向性幅はより狭くなる．

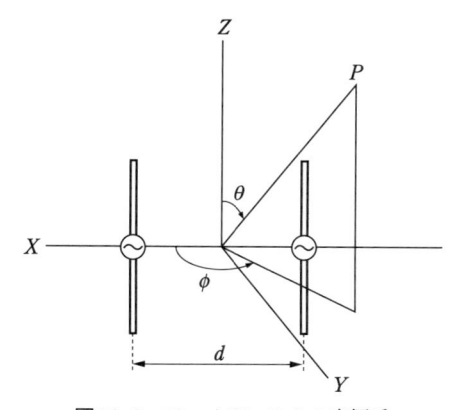

図 10.2 アレイアンテナの座標系

10.2 アレイアンテナと電子回路の融合

アレイアンテナにおいて素子アンテナの間隔を狭くすると，素子アンテナからの信号の位相差も小さくなり，指向性幅が広くなってしまう．そこで，この小さくなった位相差を図 10.3 に示すように電子回路で大きくすることにより，指向性幅の狭いアレイアンテナを実現することができる．

大竹朗氏，安部實氏，小和瀬達也氏，関口利男氏らがこの電子回路の一例として，素子アンテナに水平面内無指向性アンテナを用い，周波数を逓倍する方式を提案している[10-1,10-2]．

ここで筆者らは，図 10.4 に示すように**ダウンコンバータ**（周波数変換回路）と **PLL**（Phase Locked Loop：周波数を逓倍することにより，位相も逓倍される）回路を組み合わせて，このシステムの実験を行った．

一般に，無線通信機において局部発振器出力信号を用いるダウンコンバータでの周波数変換動作を，

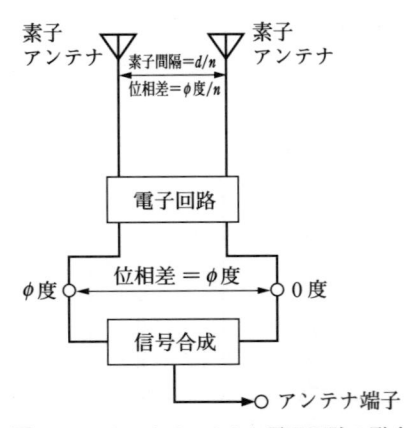

図 10.3 アレイアンテナと電子回路の融合

[10-1] 「周波数逓倍法を用いたアレイアンテナの小形化」，平 4 信学秋大 B-33，1992
[10-2] 「周波数逓倍法を用いたアレイアンテナの小形化（相互インピーダンスを考慮した場合）」，平 5 信学秋大 B-41，1993

10.2 アレイアンテナと電子回路の融合

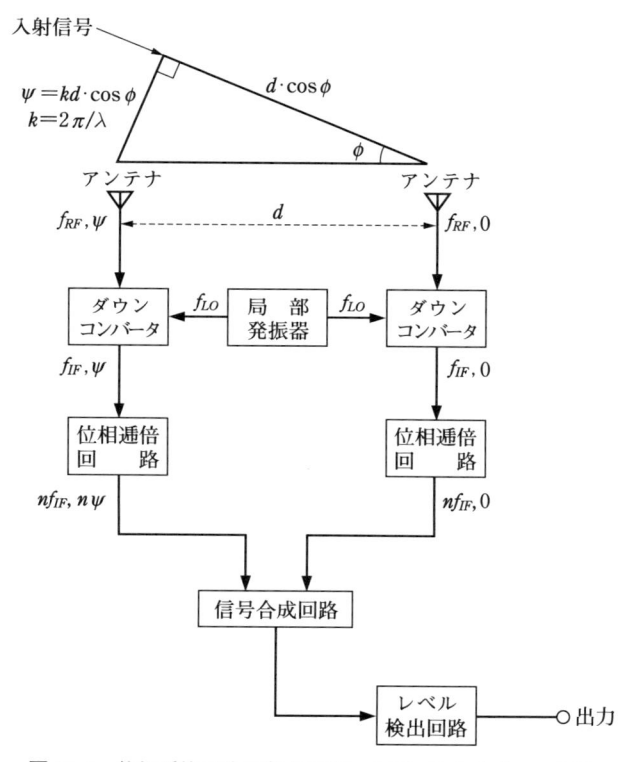

図 10.4 位相逓倍回路を有するアレイアンテナのブロック図

$$\begin{cases} 入力信号 \quad f_{RF} = \cos(\omega_{RF}t + \phi) \\ 局部発振器出力信号 \quad f_{LO} = \cos(\omega_{LO}t) \end{cases} \quad (10.3)$$

とすると，その出力信号は

$$\begin{aligned} f_{IF} &= f_{RF} \times f_{LO} = \cos(\omega_{RF}t + \phi) \times \cos(\omega_{LO}t) \\ &= \frac{1}{2}\{\cos(\omega_{RF}t + \phi + \omega_{LO}t) - \cos(\omega_{RF}t + \phi - \omega_{LO}t)\} \\ &= \frac{1}{2}[\cos\{(\omega_{RF} + \omega_{LO})t + \phi\} - \cos\{(\omega_{RF} - \omega_{LO})t + \phi\}] \end{aligned} \quad (10.4)$$

となり，f_{RF} と f_{LO} の和と差のどちらの周波数成分でも，入力信号の位相差情報

ϕ は，周波数変換後でもその値は ϕ で変化はない．すなわち，周波数変換後でも入力信号と局部発振器出力信号との位相差情報は保持される．

一方，周波数逓倍回路においては，入力信号 f_{RF} を n 倍に逓倍すると，その n 次高調波はフーリエ級数展開で表され，位相 ϕ も n 倍に逓倍される．

これらの性質を利用すると，図 10.4 に示すアンテナシステムにおいて，角度位相差が ϕ の 2 信号間で各々の周波数を周波数変換した後では，その角度位相差 ϕ は保持されるが，周波数変換後の中間周波数信号を n 逓倍すると位相差は $n\phi$ となる．これは，アレイアンテナの指向性合成に必要な角度位相差として，n 倍の周波数逓倍を行うことにより位相差も n 倍に位相逓倍されることになり，従来方式の素子アンテナ間隔 d を d/n 倍に狭めることができるということを示している．これにより，狭い素子アンテナ間隔にしても，従来の広い素子アンテナ間隔と等しい狭い指向性幅のアレイアンテナを実現できる．

10.3 節で実験に用いた電子回路では，周波数逓倍回路には PLL 回路を用い，その **VCO** 出力信号を合成している．これは，素子アンテナに無指向性アンテナを用いているからこそ可能な方式で，簡易な回路構成でアレイアンテナの素子アンテナ間隔を狭めることができる．

10.3 素子アンテナに水平面内無指向性アンテナを用いた場合

写真 10.1 に示すような，水平面内無指向性の垂直偏波のダイポールアンテナを素子アンテナとして用いた 2 素子アレイアンテナで実験を行った．図 10.2 に示す座標系にアレイアンテナを配置する．

水平面内（X-Y 面）受信指向性を，図 10.5（同相給電）及び図 10.6（逆相給電）に示す．図中の MM と示した箇所（一印）は $d=0.5\lambda$ のコンピュータシミュレーション（モーメント法）による理論値，〇印は $d=0.5\lambda$ の従来方式アレイアンテナの実測値，△印は $d=0.25\lambda$ とした位相を 2 逓倍する電子回路と併用したアレイアンテナの実測値を示す．この実験で用いたダイポールアンテナは水

10.3 素子アンテナに水平面内無指向性アンテナを用いた場合　　　155

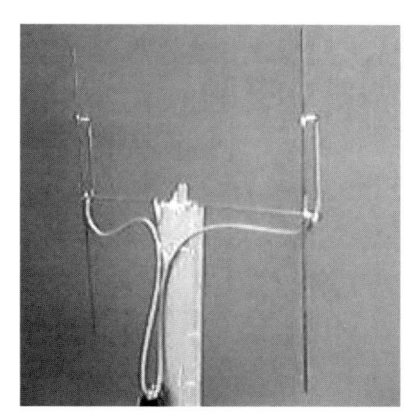

写真 10.1　ダイポールアンテナによるアレイアンテナ

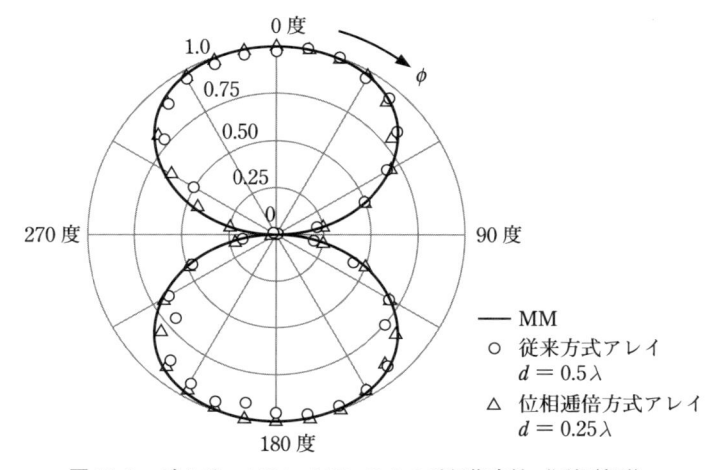

図 10.5　ダイポールアレイアンテナの受信指向性（同相給電）

平面では無指向性であるため，個々の素子アンテナに入力される信号強度は一定である．コンピュータシミュレーションの結果で，指向性幅（$-3\,\mathrm{dB}$ 点）は同相給電の場合は約 60 度，逆相給電の場合は約 120 度となったが，従来方式のアレイアンテナの実測値，電子回路を併用した狭い帯域のアレイアンテナの実測値は，ともにこのコンピュータシミュレーションの結果と一致している．

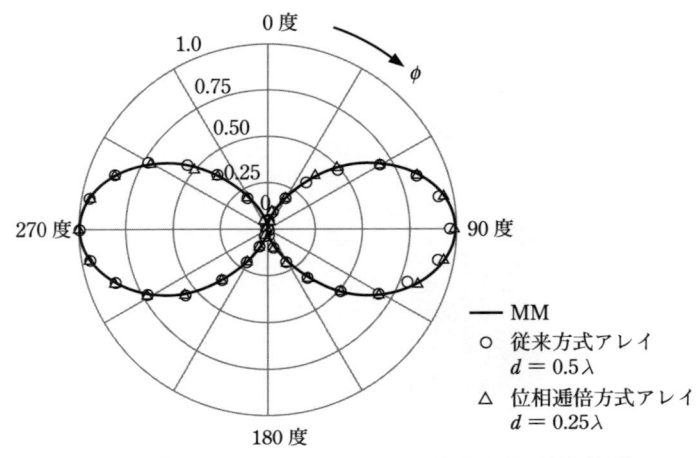

図10.6 ダイポールアレイアンテナの受信指向性（逆相給電）

10.4　素子アンテナに指向性アンテナを用いた場合

アレイアンテナを用いて小型でより鋭い指向性を得たいというニーズもあり，それを実現するためには，アレイアンテナにおける素子アンテナに指向性を有するアンテナを用いることになる．これは図10.7に示すように，素子アンテナ自体で受信される信号の強度を測定し，周波数逓倍回路の出力信号をアンテナ入力信号強度に比例させた**振幅変調**を行ってから，アレイアンテナとして信号を合成することによって実現できる．これは，前述の関口氏らの提案方式と異なり，回路はかなり複雑になってくる．

図10.8に，そのアレイアンテナの一系統の詳細ブロック図を示す．本方式の場合，**ダウンコンバータ**出力を2分配し，一方は **AGC**（Automatic Gain Control）**増幅器**を介してから PLL 回路に入力し，他方は受信信号レベルを検出して，その情報を基に **PLL 回路**出力信号（VCO：Voltage Controlled Oscilator 出力信号）を振幅変調する．そして，各素子アンテナ系の振幅変調回路からの出力信号をアレイとしての信号合成を行った後で，受信信号処理を行う．今回の実験では，最終的な受信信号処理として，アレイアンテナの受信指向性を把握する

10.4 素子アンテナに指向性アンテナを用いた場合

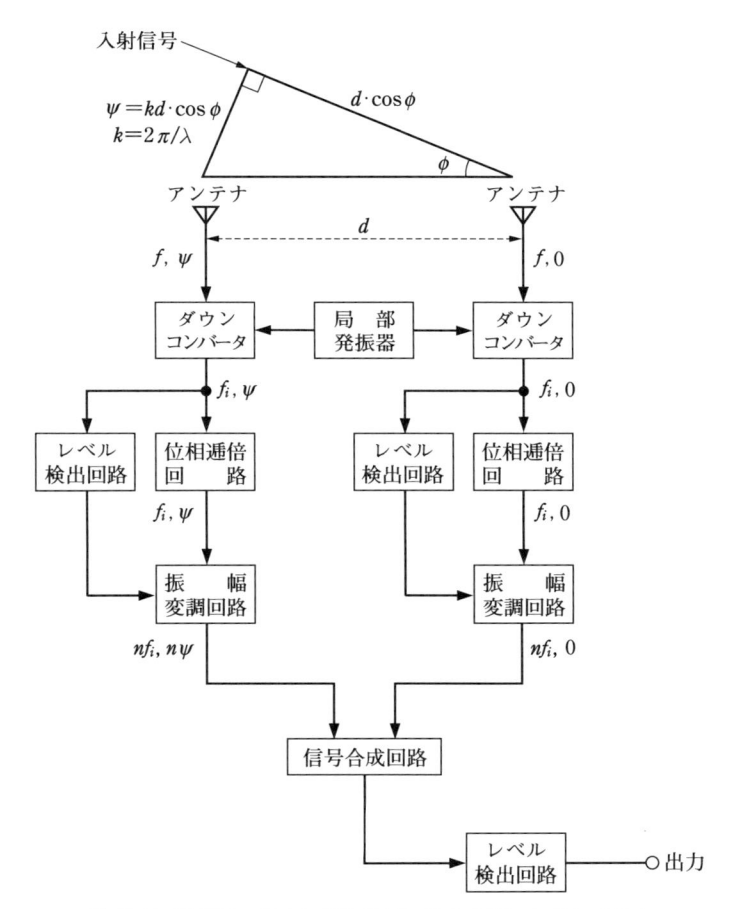

図 10.7 素子アンテナに指向性アンテナを用いた本システム

目的で単にレベル検出のみを行っている．以下，この方式をレベル**追従型位相逓倍回路方式**と呼び，**LSPM** (Level Sensitive Phase Multipliers) 方式と略称する．

この原理を確認するために LSPM 方式の受信機の試作を行い，素子アンテナには 3 素子八木・宇田アンテナを用いた 2 素子アレイアンテナの実験を行った．本実験では，素子アンテナ間の結合の影響を小さくするために，LSPM 方式における逓倍数は大きくとらず 2 倍とし，素子アンテナ間隔 d を 0.25λ とした．写真 10.2 に 3 素子八木・宇田アンテナを用いた 2 素子アレイアンテナ，図 10.9

にその座標系を示す．

図10.10に，素子アンテナに指向性（3素子八木・宇田）アンテナを用いた場合の素子アンテナ単体（◇印），位相逓倍を行わない従来方式の $d=0.5\lambda$ 同相給電2素子アレイアンテナ（◯印），そして $d=0.25\lambda$ の LSPM 方式を用いた2素子アレイアンテナ（△印）の実測受信指向性を示す．素子アンテナ単体の特性に比べて，位相逓倍を行わない従来方式アレイアンテナは，指向性の尖鋭化，利得の増加が得られている．LSPM 方式を用いて，素子アンテナ間隔を従来方式のアレイアンテナの半分にしたアレイアンテナの指向性は，従来方式のアレイアンテナと同等の指向性が得られているのがわかる．図中の MM と記した破線は素子アンテナ単体，実線は従来方式2素子アレイアンテナ（$d=0.5\lambda$）をコンピュ

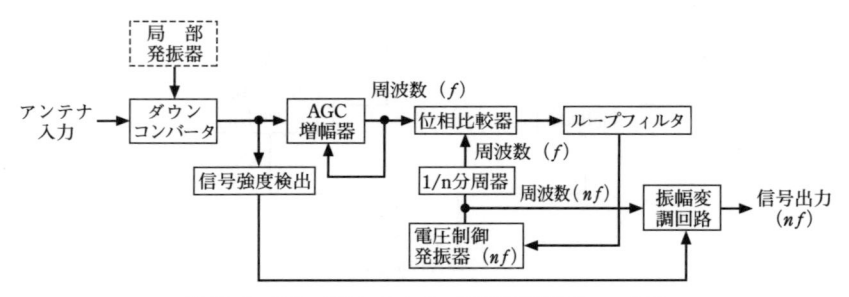

図10.8　アレイアンテナの一系統の詳細ブロック図

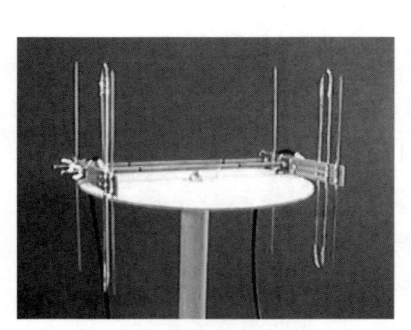

写真10.2　八木・宇田アンテナを用いた2素子アレイアンテナ

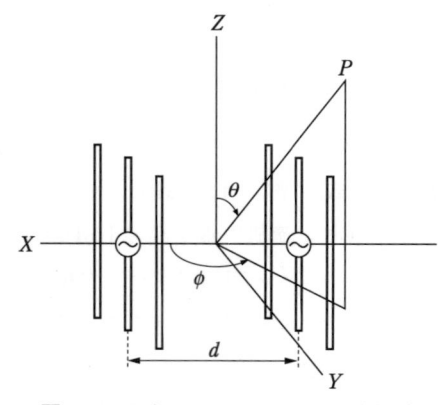

図10.9　2素子アレイアンテナの座標系

10.4 素子アンテナに指向性アンテナを用いた場合

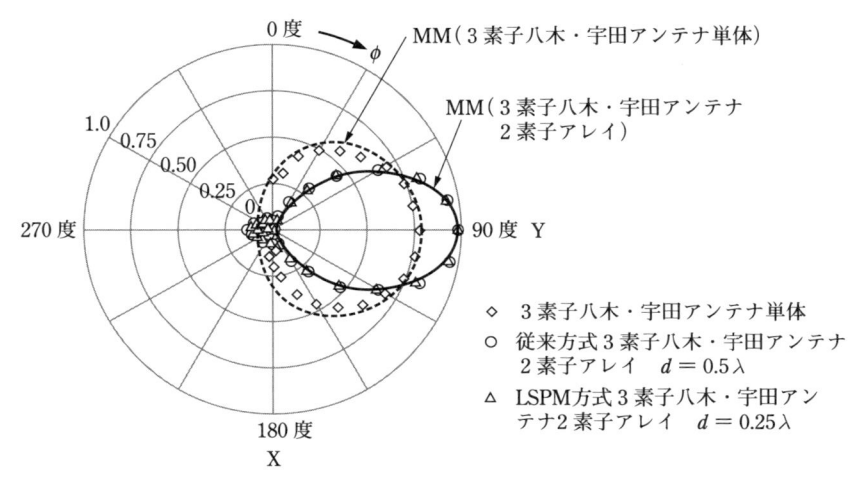

図 10.10 八木・宇田アレイアンテナの受信指向性

ータシミュレーション（モーメント法）による計算結果として示している．

　指向性幅はコンピュータシミュレーションによると，素子アンテナ単体の場合は約112度，従来方式アレイアンテナの $d=0.5\lambda$ となる同相給電2素子アレイアンテナの場合は約54度である．素子アンテナ単体及び $d=0.5\lambda$ となる従来方式の2素子アレイアンテナの実測値は，ともにこのMMの結果と一致している．また，$d=0.5\lambda$ の従来方式2素子アレイアンテナと $d=0.25\lambda$ の2素子LSPM方式アレイアンテナの実測値もほぼ一致している．

　本方式は，電波の発信源の入射方向を特定することを目的とするシステムなどに適用できる．したがって，到来変調波を復調する受信システムに適用するには，この原理に若干の工夫を加える必要がある．

　周波数変調系（FM，FSKなど）は，そのまま復調が可能である．また，本提案方式ではシステム内で振幅情報の再変調を行っているので，**振幅変調系**（AM，ASKなど）の復調も可能と思われる．一方，**位相変調系**（PM，PSKなど）を復調するときは，受信側で位相情報を逓倍してしまうため，位相逓倍後の位相角が他の情報の位相角と一致しないように，送信側で変調する時の位相角を適当に選ぶ必要がある．

第11章
回線設計

利得のある指向性アンテナを用いると電波を遠くまで飛ばすことができるが，アンテナはパッシブな素子のため，アンテナ自体が増幅器のように電力を増幅しているわけではない．アンテナに1Wの電力を供給した場合には，アンテナから放射される電力の総和は決して1Wより大きくならない．アンテナの基本である全方向無指向性のアイソトロピックアンテナ（仮想のアンテナ）と比べ，指向性を有するアンテナでは，アイソトロピックアンテナの球状の放射指向特性を，その球の体積を維持したまま（放射電力は一定なので）変形させることによって，ある方向に電波を強く出すことができる．図11.1に示すような球状の風船を考える．図に示すA-A′で左右から風船を押しつぶして変形させると，その圧縮された部分の空気は上下に分かれて押し出されることになる．図では，その押し出された空気が上方に多くなっている．これを，アイソトロピックアンテナと指向性アンテナの放射指向特性に置き換えて考えてみると，その放射される電

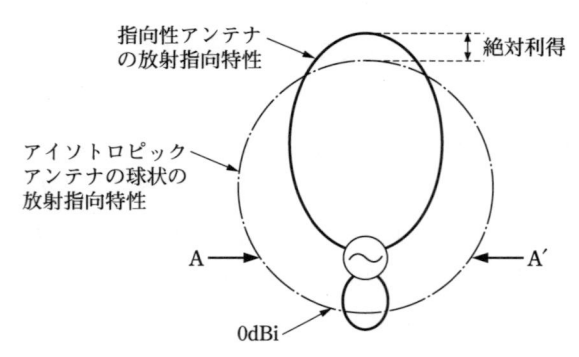

図11.1 指向性アンテナの絶対利得

波が図の上方に強く放射されていることになる．

　この上方に受信機を置いて電波の強さを測定すると，あたかもアイソトロピックアンテナに供給する電力を大きくしたかのような強さで電波が受信される．このアイソトロピックアンテナに供給する電力を大きくした比率が，この指向性アンテナの絶対利得ということになる．

　実際には，風船の体積を維持したまま放射指向特性は変形せず，現実のアンテナには放射効率 η（第 2 章の式(2.28)参照）が乗じられるので，アイソトロピックアンテナの球状放射指向特性が放射効率に応じて小さくなった球の形を変形させることになる．

　この利得のある指向性アンテナを用いて，図 11.2 に示すように送信機と受信機にアンテナを接続し，そのアンテナ間の距離を ρ として回線設計をしてみる．アンテナの絶対利得 G_a〔dBi〕を真数 G〔倍〕として表すと，

$$G〔倍〕= 10^{\frac{G_a}{10}} \tag{11.1}$$

となる．本章では，以下の数式に出てくる絶対利得は真数で表した値を用いる．

　アンテナは，その利得に比例した有効面積 A_e を有しており，それは自由空間の 1 波長の長さを λ とすると，以下の式が与えられることは 2.7 節で述べた．

$$A_e = \frac{G \cdot \lambda^2}{4\pi} \tag{11.2}$$

　受信アンテナで受け取れる電力 P_r〔W〕は，このアンテナの有効面積 A_e〔m²〕に電力束密度 F〔W/m²〕を乗じたもの，すなわち，

$$P_r = F \cdot A_e \tag{11.3}$$

となり，一般に絶対利得が G_{at}（真数）の送信アンテナの有効面積 A_{et} は，

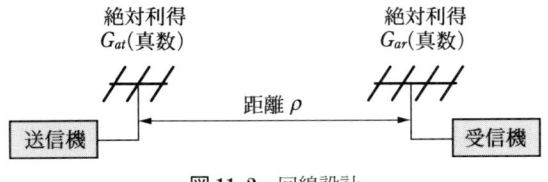

図 11.2　回線設計

$$A_{et} = \frac{G_{at} \cdot \lambda^2}{4\pi} \tag{11.4}$$

で与えられる．このときのアンテナの指向性角 θ_t は，

$$\theta_t = \frac{\lambda}{\sqrt{A_{et}}} = \frac{\lambda}{\sqrt{\frac{G_{at} \cdot \lambda^2}{4\pi}}} = 2\sqrt{\frac{\pi}{G_{at}}} \quad [\text{rad}] \tag{11.5}$$

となる．このアンテナで単位電力を送信したときの距離 ρ（ここで $\rho \gg \frac{\lambda}{2\pi}$ とする）にある受信点における電力束密度 F_ρ は，

$$F_\rho = \frac{\frac{G_{at} \cdot \lambda^2}{4\pi}}{(\lambda \rho)^2} = \frac{G_{at}}{4\pi \rho^2} \tag{11.6}$$

となる．これを絶対利得 G_{ar}（真数）の受信アンテナで受信すると，その有効面積 A_{er} は，

$$A_{er} = \frac{G_{ar} \cdot \lambda^2}{4\pi} \tag{11.7}$$

となる．そこで受信される電力 P_r は，

$$P_r = \left(\frac{G_{at}}{4\pi \rho^2}\right) \cdot \left(\frac{G_{ar} \cdot \lambda^2}{4\pi}\right) = \left(\frac{\lambda}{4\pi \rho}\right)^2 \cdot G_{at} \cdot G_{ar} \tag{11.8}$$

となる．

この式(11.8)は，送信電力を単位電力としたときの受信電力，すなわち送信源から ρ の距離にある受信点までの**回線設計**ということもできる．送信・受信アンテナの利得も含めた**伝搬損失** L をデシベルで表すと，

$$\begin{aligned} L &= 10 \log\left\{\left(\frac{\lambda}{4\pi \rho}\right)^2 \cdot G_{at} \cdot G_{ar}\right\} \\ &= 20 \log\left(\frac{\lambda}{4\pi \rho}\right) + 10 \log(G_{at}) + 10 \log(G_{ar}) \\ &= -20 \log\left(\frac{4\pi \rho}{\lambda}\right) + 10 \log(G_{at}) + 10 \log(G_{ar}) \quad [\text{dB}] \end{aligned} \tag{11.9}$$

となる．

第12章

アンテナの測定

本章では，アンテナの電気的特性の測定について述べる．アンテナの性能を知る上で必要となる**電気的特性**には，以下のものがある．
（1） 給電点インピーダンス
（2） 共振周波数
（3） リターンロスや VSWR
（4） アンテナの利得
（5） 放射指向特性
（6） アンテナ素子上の電流分布

12.1　給電点インピーダンスの測定

アンテナから空中に電波が効率よく放射されるためには，アンテナ給電点と給電線と無線通信機器のアンテナ端子のインピーダンスが等しくなるようにシステムを構築しなければならない．

アンテナの**給電点インピーダンス**を測定するには，図 12.1 に示すような**高周波ブリッジ回路**が用いられる．

高周波ブリッジ回路が図中に示す式(12.1)のような平衡条件を満足するとき，a 点と b 点の電位は等しくなる．この原理を利用して，例えば R_1 と R_2 に抵抗値が既知の抵抗を用い，R_4 の代わりに未知の給電点インピーダンスのアンテナを接続する．そして，a 点と b 点の電位が等しくなるように R_3 の値を変化させる．このときの R_3 の抵抗値がわかれば，アンテナの給電点インピーダンスを知

ることができる．

　具体的な高周波ブリッジ回路は，図12.2に示すものとなる．アンテナの給電点インピーダンス（$Z=R+jX$，または$Z=R-jX$）は，アンテナが共振しているときにはそのリアクタンス成分$X=0$となり，アンテナの給電点インピーダンスは$Z=R$の抵抗成分となる．

　高周波ブリッジ回路でアンテナの給電点インピーダンスを測定するには，まず測定端子にアンテナを接続し，信号発生器からそのアンテナを動作させたい周波

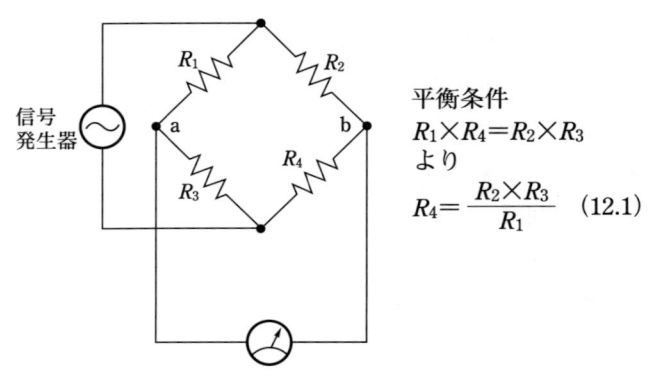

平衡条件
$R_1 \times R_4 = R_2 \times R_3$
より
$R_4 = \dfrac{R_2 \times R_3}{R_1}$　　（12.1）

図12.1 高周波ブリッジ回路

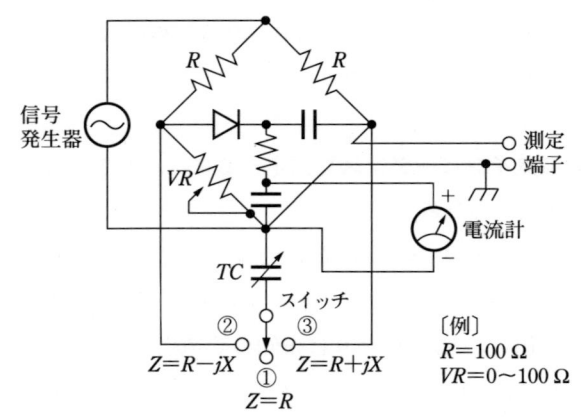

〔例〕
$R=100\,\Omega$
$VR=0\sim100\,\Omega$

図12.2 具体的な高周波ブリッジ回路

12.1 給電点インピーダンスの測定

数の高周波信号を高周波ブリッジ回路に入力する．

アンテナが所望の周波数で共振している場合は，アンテナの給電点インピーダンスは $Z=R$ の抵抗成分のみとなるので，スイッチを①の位置にし，VR（可変抵抗）の抵抗値を変化させて電流計に電流が流れない点を探す．この VR の抵抗値を知ると，アンテナの給電点インピーダンス $Z=R$ を知ることができる．

アンテナが所望の周波数で共振していない場合，アンテナの給電点インピーダンスは $Z=R+jX$，または $Z=R-jX$ のように抵抗成分とリアクタンス成分を持つ．スイッチを②の位置にし，VR の抵抗値と TC（可変容量コンデンサ）の容量値を変化させて，電流計に電流が流れない点が見つかれば，アンテナの給電点インピーダンスは $Z=R-jX$ と容量性になっていることが確認できるので，アンテナの長さを長くしてこの $-jX$ のリアクタンス成分を打ち消すことができる．もし，スイッチを②の位置にして，電流計に電流が流れないときには，スイッチを③の位置に切り換え，VR の抵抗値と TC の容量値を変化させて，電流計に電流が流れない点が見つかれば，アンテナの給電点インピーダンスは $Z=R+jX$ と誘導性になっていることが確認できるので，アンテナの長さを短くしてこの $+jX$ のリアクタンス成分を打ち消すことができる．その後でスイッチを①の位置にして，VR の抵抗値を変化させて電流計に電流が流れない点を探すと，アンテナの給電点インピーダンス $Z=R$ を知ることができる．

アンテナの給電点インピーダンスを正確に測定するためには，高周波ブリッジ

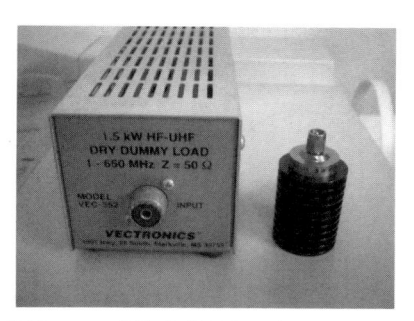

写真 12.1 擬似負荷抵抗（ダミーロード）

回路とアンテナの給電点間を最短の長さの給電線で接続する必要がある．また，この高周波ブリッジ回路でインピーダンスが測定できる周波数はVHF帯程度までで，それ以上の周波数では後述の給電線の電気長が校正できる**ネットワークアナライザ**により測定することになる．

高周波ブリッジ回路の校正には，写真12.1に示すような**擬似負荷抵抗（ダミーロード）** を用いる．市販品は50Ωか75Ωがほとんどのため，数種類の抵抗値でダミーロードを作り，可変抵抗(VR)に目盛りをつけ，どの位置で何Ωかがわかるようにしておくと便利である．

12.2　共振周波数の測定

VHF帯程度までのアンテナや共振回路の**共振周波数**を知るための測定器として，古くから用いられているものに，図12.3と写真12.2に示すような**ディップメータ**がある．これは，発振周波数を可変できる発振器と，その発振の強さをモニタするメータで構成された測定器である．発振器はLC型で，L（発振コイル）は測定器の外部に突起しており，C（コンデンサ）は可変コンデンサで，その発振周波数を変化させるダイヤル（発振周波数が目盛られている）に連動して

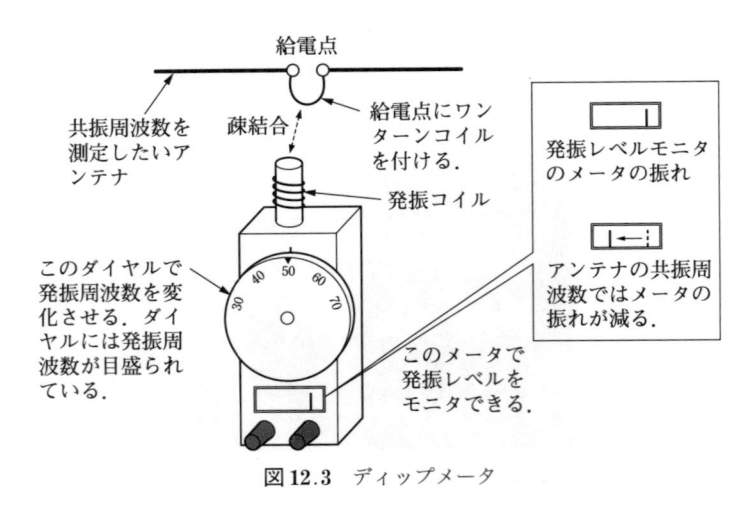

図12.3 ディップメータ

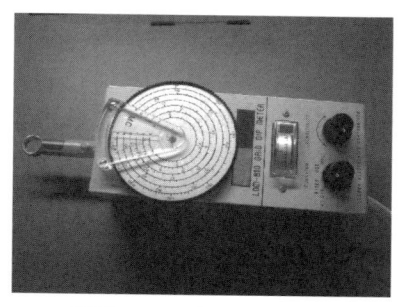

写真 12.2 ディップメータ

いる．発振コイル L をアンテナ（給電点にワンターンコイルをつける）や共振回路と疎結合させ，ディップメータの発振周波数を低い方から高い方へダイヤルをゆっくり回してスイープしていくと，アンテナや共振回路の共振周波数で LC 発振器の発振レベルをモニタしているメータの振れがディップ（減る）する．そのディップ点での発振周波数をダイヤルから読めば，その共振周波数がわかる．

12.3　リターンロスやVSWRの測定

　アンテナの給電点インピーダンスが無線通信機や給電線のインピーダンスと一致していれば，アンテナから空中へ高周波エネルギーは効率よく放射され，アンテナから無線通信機への反射はなくなる．すなわち給電線上の反射電力を測定し，その電力がないとき，アンテナの給電点のインピーダンスは無線通信機や給電線のインピーダンスと等しいことになる．

　無線通信機とアンテナ間の給電線を流れる進行波と反射波のエネルギーを分別し，測定する電子回路として，**方向性結合器（ディレクショナルカプラ）** がある．図 12.4 や写真 12.3 に示す CM カプラ型の方向性結合器は，伝送線路とそれに平行に沿わせた進行波と反射波をピックアップする 2 本の伝送線路により構成されている．このピックアップ用の伝送線路の片端を抵抗で終端し，終端抵抗と反対側から出力される高周波信号を検波することにより，進行波または反射波の電圧を知ることができる．この検波された電圧から，**リターンロスや VSWR**

の値を計算で求めることができる．写真12.4に，この方向性結合器を用いたVSWRメータを示す．

近年では，マイクロ波などの高い周波数のアンテナの要求も高まってきた．マ

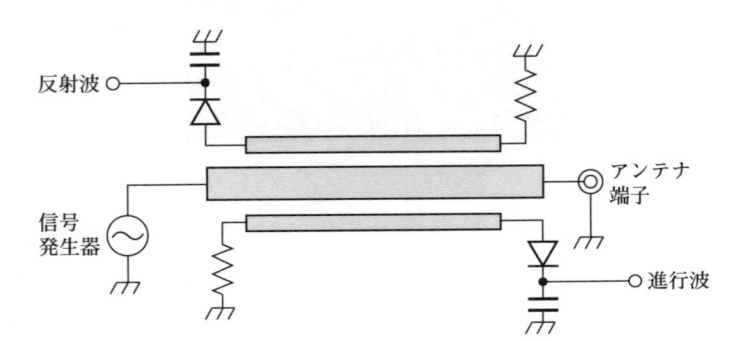

図12.4 方向性結合器（CMカプラ）

写真12.3 方向性結合器（CMカプラ）

写真12.4 VSWRメータ

12.3 リターンロスやVSWRの測定

イクロ波帯などの高い周波数の場合には，今まで述べてきた測定器とアンテナを結ぶ短い給電線上の定在波の影響も無視できなくなってくる．

そこで，このような高い周波数では，アンテナの給電点が測定器の測定観測点となるように校正をして，インピーダンスの測定ができる写真12.5に示すような**ネットワークアナライザ**が用いられる．ネットワークアナライザでアンテナのインピーダンスを測定するときには，図12.5に示すようなSパラメータ測定ユニットと併用して**S11**を測定することになる．

ネットワークアナライザでは，写真12.6～写真12.10に示すようなアンテナの電気的特性を直読することができる．

写真12.5 ネットワークアナライザ

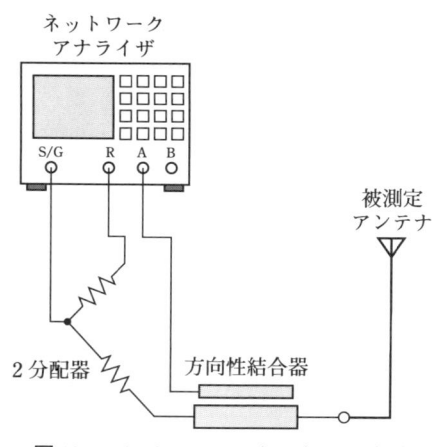

図12.5 Sパラメータ（S11）の測定系

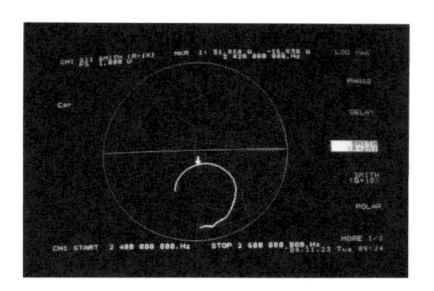

写真12.6 アンテナのインピーダンス特性

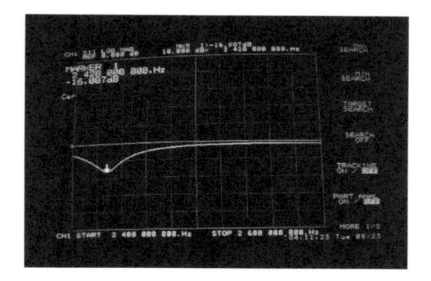

写真12.7 アンテナのリターンロス特性

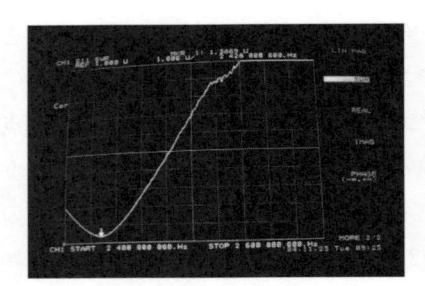

写真 12.8 アンテナの VSWR 特性

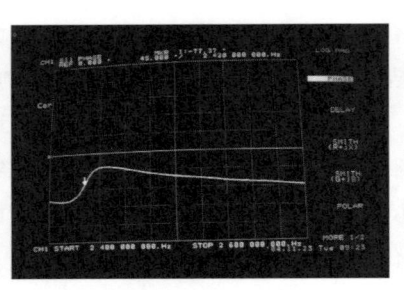

写真 12.9 アンテナの位相特性

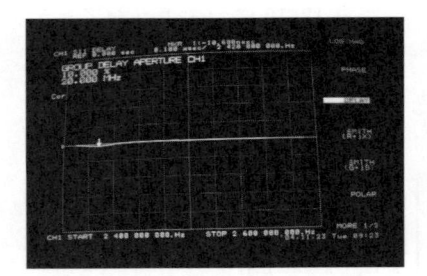

写真 12.10 アンテナの群遅延特性

写真 12.11 小型測定器（Autek Research RF Analyst）

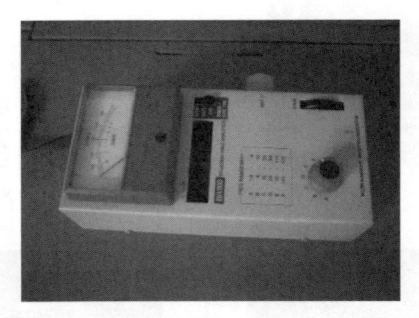

写真 12.12 小型測定器（クラニシ BR-200）

　ネットワークアナライザは汎用測定器であるが，その形状や重量はかなり大きい．そこで，アンテナの給電点インピーダンス，VSWR などを測定することに特化した小形の測定器として，写真 12.11 と写真 12.12 に示すようなものが市販されている．

12.4　アンテナの利得

アンテナの**利得**の測定は，図12.6に示すような測定系で行う．送信アンテナに**信号発生器**を接続して，電波を放射させる．送信アンテナから数波長（5波長以上）離れた位置に設置した受信アンテナに，そこで受けた電波の強さを測定するための**可変アッテネータ**と**受信機**を接続する．

アンテナの利得は，多くの場合，絶対利得が既知のダイポールアンテナ（＋2.14 dBi）と被測定アンテナの相対利得（dBd）を測定し，それを絶対利得（dBi）に換算して求める．

図12.7に示すように，送信アンテナから送出された電波を基準受信アンテナのダイポールアンテナで受信し，その受信電力が最大になるように，電界強度を測定できる受信機を用いて各々のアンテナの向きを合わせる．次に，写真12.13に示すような可変アッテネータを適当な減衰量（このときの減衰量を a〔dB〕とする）にセットし，そのときの受信機にて測定される受信電力の値を記録する．

次に，基準受信アンテナを被測定アンテナと交換し，送信アンテナから送出された電波を被測定アンテナで受信し，その受信電力が最大になるように受信機で受信電波をモニタしながら被測定アンテナの向きを合わせる．このとき，受信機

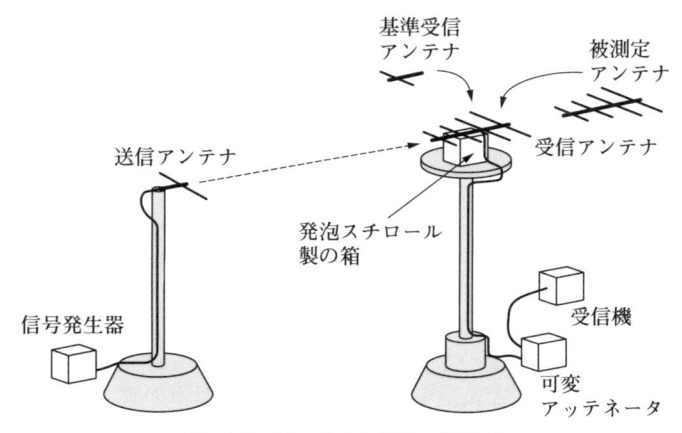

図 12.6　アンテナの利得の測定系

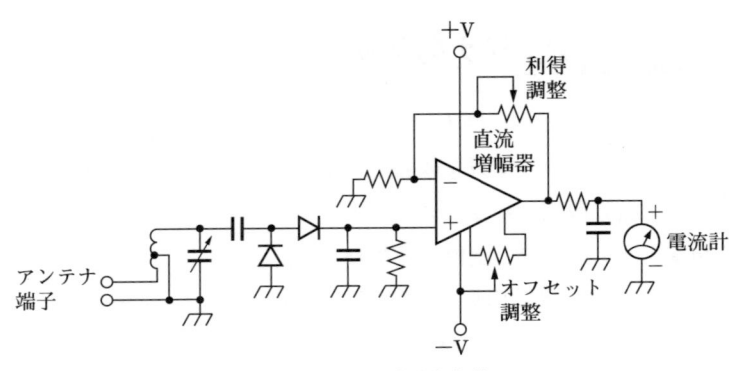

図12.7　受信電界強度計

写真12.13　可変アッテネータ

で測定される受信電力の値が基準受信アンテナ（ダイポールアンテナ）で受信したときの電力と等しくなるように，可変アッテネータの値を調整する．この可変アッテネータの減衰量が b [dB] であったとすれば，アンテナのダイポールアンテナに対する相対利得は，

$$\text{利得 [dBd]} = b - a \tag{12.2}$$

で与えられる．減衰量の b [dB] が a [dB] より多いときはダイポールアンテナよりも利得が高く，また，b [dB] が a [dB] より少ないときはダイポールアンテナよりも利得が低くなる．

これを絶対利得 [dBi] で表記をしたいときには，以下の式で換算する．

$$\text{利得 [dBi]} = b - a + 2.14 \tag{12.3}$$

写真 12.14　信号発生器　　　　写真 12.15　小型信号発生器

写真 12.16　スペクトラムアナライザ

　写真 12.14 に信号発生器を示す．筆者らは，写真 12.15 に示すように送信アンテナ直下に小型の信号発生器を取り付けて，同軸ケーブルからの漏洩放射を少なくするように工夫している．

　受信機としては**スペクトラムアナライザ**（写真 12.16）が広く用いられている．スペクトラムアナライザは受信電力を dBm の値で直読できるので，上記の可変アッテネータを用いなくとも利得を測定できる．

12.5　アンテナの放射指向特性の測定

　アンテナの**放射指向特性**の測定は，図 12.8 や写真 12.17 に示すような測定系で行う．

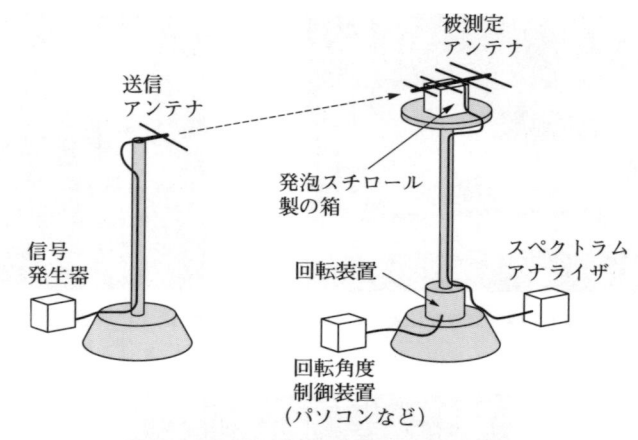

図 12.8 アンテナの放射指向特性の測定系

写真 12.17 アンテナの放射パタン測定風景

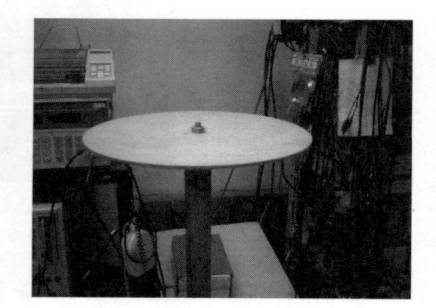

写真 12.18 ターンテーブル

　送信アンテナには信号発生器を接続し，電波を放射させる．被測定アンテナは，送信アンテナから数波長（5 波長以上）離れた位置に写真 12.18 に示すような**ターンテーブル**（回転できる台）を設置して，その上に発泡スチロール製の箱を置き，この発泡スチロール製の箱の上に固定する．被測定アンテナにスペクトラムアナライザを接続し，ターンテーブルを回転させながら受信電波の強度を記録すると，放射指向特性を測定することができる．ターンテーブルは，回転角度の精度をよくするために，写真 12.19 に示すようなパソコンで制御できるターンテーブル回転機構があると便利である．

写真 12.19　ターンテーブル回転機構

　従来，アンテナの放射指向特性の測定は，電波暗室の中や電波環境の良い（測定したい周波数の電波が出ていない）屋外で行う．しかし，電波暗室が使用できない場合や，屋外でも周囲に建物などがある場合は，マルチパスの影響により正確な放射指向特性が測定できなくなる．そこで筆者らはCDMAの技術を利用し，送信アンテナから受信できる直接波とマルチパスの電波を分離して直接波のみを取り込む研究を，日本大学理工学部情報通信工学科の三枝研究室と共同で行っている[12-1]．

12.6　アンテナ素子を流れる高周波電流の分布

　図12.9に示すようなアンテナ素子を流れる**高周波電流の分布**（強さ）を測定すると，そこから放射特性が推測できる．アンテナ素子に流れる高周波電流の強さを測るには，**高周波電流プローブ**という磁界をピックアップする**微小ループアンテナ**を用いる．高周波電流プローブの構造を図12.10と写真12.20に示す．
　高周波電流プローブは，細いセミリジッドケーブルと，それと同じ直径の真鍮棒で作ることができる．セミリジッドケーブルの一端にはSMAコネクタを接続

[12-1]　三枝，今井，根日屋「スペクトラム拡散通信を利用した物体の反射特性の一測定法」2004年電子情報通信学会総合大会，B-4-50

176　第12章　アンテナの測定

図12.9　アンテナ素子の高周波電流の分布

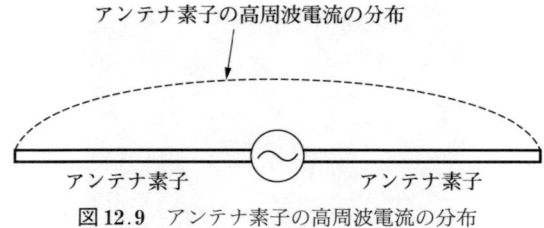

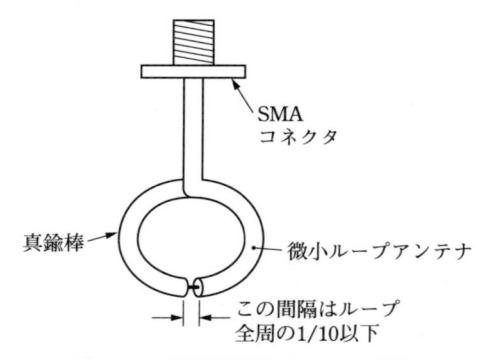

図12.10　高周波電流プローブの構造

（図中ラベル：アンテナ素子の高周波電流の分布／アンテナ素子／SMAコネクタ／真鍮棒／微小ループアンテナ／この間隔はループ全周の1/10以下）

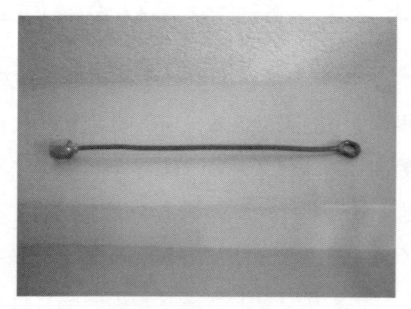

写真12.20　高周波電流プローブの構造

12.6 アンテナ素子を流れる高周波電流の分布   177

し,他方は芯線のみを出しておく.コネクタと反対側は,できるだけ半径が小さくなるようにセミリジッドケーブルを半円形に加工する.また,真鍮棒も同様に半円形に加工し,図に示すように真鍮棒の一端をセミリジッドケーブルの芯線側に,他端をセミリジッドケーブルの外被導体側とハンダ付けする.電流プローブの具体的な加工例を図 12.11 に示す.

アンテナ素子の電流分布は,ネットワークアナライザ(または,信号発生器と

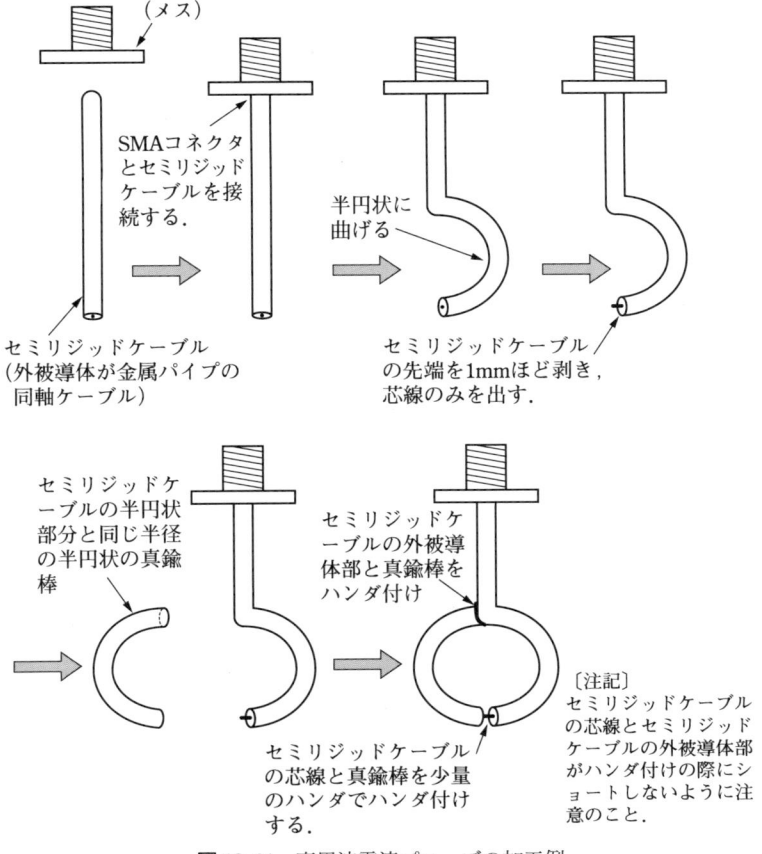

図 12.11　高周波電流プローブの加工例

スペクトラムアナライザ）を用いて図12.12に示すように測定する．アンテナの給電点にネットワークアナライザのPort-1端子（または信号発生器）から高周波電力を供給し，ネットワークアナライザのPort-2（またはスペクトラムアナライザ）に接続した高周波電流プローブで，アンテナ素子に流れる高周波電流によって発生する磁界をピックアップ（磁界が高周波電流プローブのループの中を貫通するように）する．高周波電流プローブをアンテナ素子から等距離を保ちながら移動させると，アンテナ素子を流れる高周波電流の分布を測定することができる．

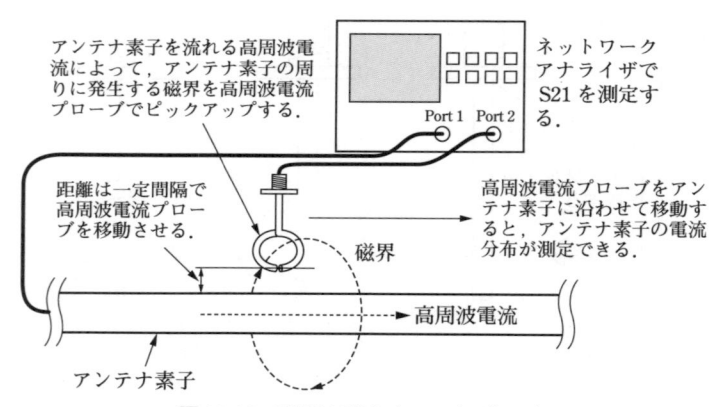

図 12.12 高周波電流プローブの使い方

写真 12.21 筆者らのアンテナ開発ベンチ

12.6 アンテナ素子を流れる高周波電流の分布

写真 12.22 筆者らの屋外アンテナ測定環境

　本章の締めくくりとして，写真 12.21 に筆者らのアンテナ開発環境を紹介する．業務上，2.45 GHz 帯を主体とした開発が多いので，小さなスペースでアンテナの試作を行っている．設計のためのコンピュータによるシミュレーションから始まり，アンテナの試作や，本章で述べたアンテナの電気的特性，利得，簡易的な放射パタンの測定は，このスペースですべてができるようになっている．会社が都心にあり広い場所が確保できないため，大きなアンテナの実験を行うことは難しいが，写真 12.22 に示すように，ビルの屋上にアンテナ（被測定アンテナ）を設置し，アンテナの電気的特性を測定している．

付録

平面アンテナの小形化

市場では小形でかつ平面的なアンテナの要求が高い．忠南大学（韓国）の禹鍾明先生（Dr. Jong-Myung Woo）は小形平面アンテナの研究分野で多くの論文を発表しているが，ここでは先生の研究室で開発された**小形平面アンテナ**の事例を紹介する．

F.1　プリント基板によるアンテナの小形化

ロケットなどの飛翔体に搭載するアンテナは，フィン(翼)に内蔵できるように薄いプリント基板上に構成した薄いアンテナが適している．プリント基板上にアンテナをプリントパタンで形成するときには，プリント基板の誘電率による波長短縮が起こる．プリント基板上での1波長の長さ λ_g は，

$$\lambda_g = \frac{\lambda}{\sqrt{\varepsilon_{rel}}} \tag{F.1}$$

で求められる．ここで，λ は自由空間での1波長，ε_{rel} はプリント基板の実効誘電率である．実効誘電率は，プリントパタンの幅やプリント基板の厚さで変わってくる値である．一般にプリント基板の誘電率は，比誘電率（ε_r）で表記されていることが多い．実効誘電率と比誘電率の関係については，6.5節を参照いただきたい．

F.1.1　モノポールアンテナ

アンテナの基本となる電気長が1/4波長の**モノポールアンテナ**をプリント基板

F.1 プリント基板によるアンテナの小形化

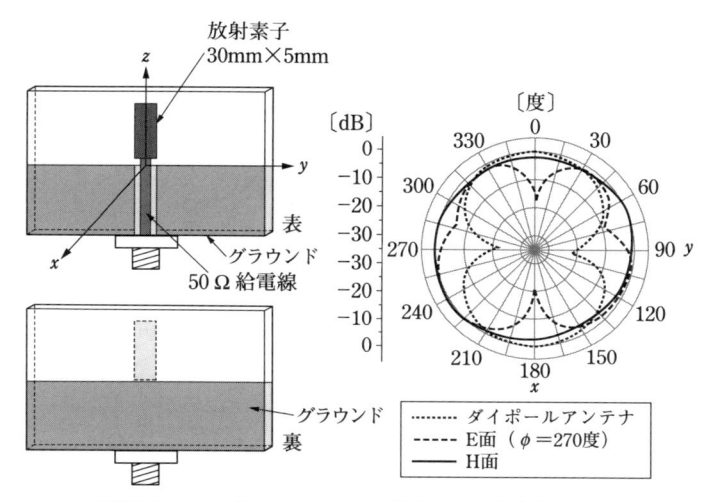

図 F.1 モノポールアンテナの構造とその放射指向特性

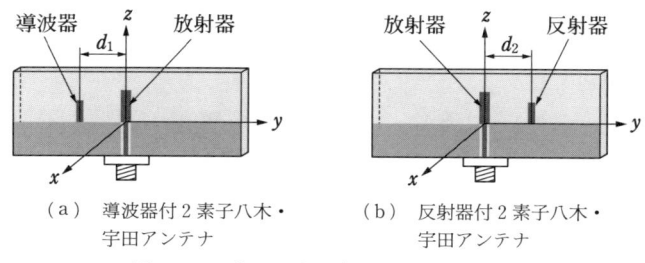

図 F.2 2素子八木・宇田アンテナの構造

(a) 導波器付2素子八木・宇田アンテナ
(b) 反射器付2素子八木・宇田アンテナ

上に構成した例を，図 F.1 に示す．厚さが 0.8 mm で比誘電率 ε_r が 5.1 の FR-4 両面プリント基板を用いると，1.81 GHz 用放射素子の寸法は 30 mm×5 mm と小形になる．プリント基板の両面にあるグラウンドは，できるだけ多くのスルーホールで表裏を接続する．このアンテナの特徴は，6.3 節で述べたたグラウンド板にモノポールアンテナを立てたアンテナよりも垂直面での打上げ角が低く，ほぼ水平方向への放射が起こっている．このアンテナの実測した放射指向特性を同図中に示し，比較のためにダイポールアンテナの放射指向特性を併記する．

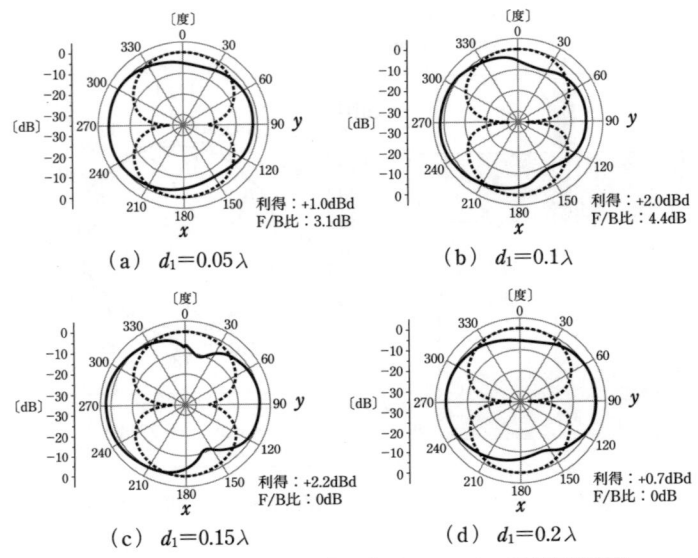

(a) $d_1 = 0.05\lambda$ 利得：+1.0dBd F/B比：3.1dB

(b) $d_1 = 0.1\lambda$ 利得：+2.0dBd F/B比：4.4dB

(c) $d_1 = 0.15\lambda$ 利得：+2.2dBd F/B比：0dB

(d) $d_1 = 0.2\lambda$ 利得：+0.7dBd F/B比：0dB

図 F.3 導波器付2素子八木・宇田アンテナの電気的諸特性

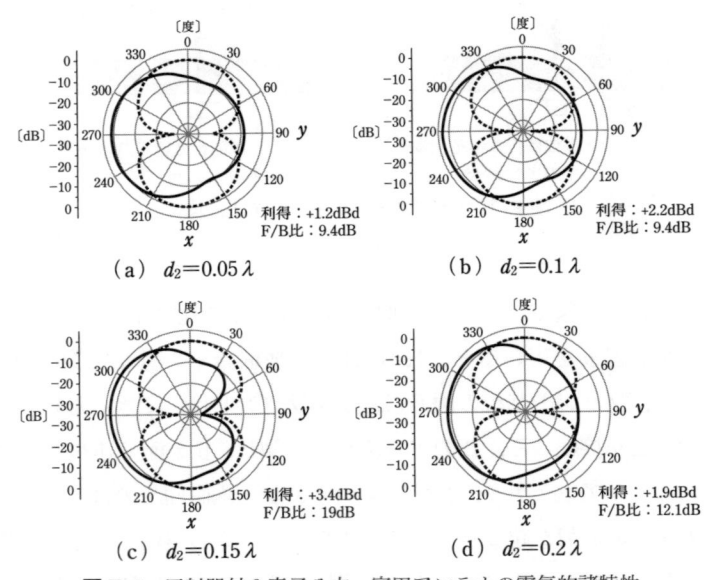

(a) $d_2 = 0.05\lambda$ 利得：+1.2dBd F/B比：9.4dB

(b) $d_2 = 0.1\lambda$ 利得：+2.2dBd F/B比：9.4dB

(c) $d_2 = 0.15\lambda$ 利得：+3.4dBd F/B比：19dB

(d) $d_2 = 0.2\lambda$ 利得：+1.9dBd F/B比：12.1dB

図 F.4 反射器付2素子八木・宇田アンテナの電気的諸特性

F.1.2　2素子八木・宇田アンテナ

2素子八木・宇田アンテナには，図F.2(a)に示すような導波器付きと，同図(b)に示すような反射器付きがある．

（1）　導波器と放射器の素子間隔

図F.2(a)に示した**導波器**と**放射器**の素子間隔 d_1 を変化させたときの利得（ダイポールアンテナを基準とした相対利得），F/B比，H面放射指向特性の電気的諸特性を図F.3に示す．この結果より，最適な素子間隔は $d_1=0.15$ 波長である．

（2）　反射器と放射器の素子間隔

図F.2(b)に示した**反射器**と**放射器**の素子間隔 d_2 を変化させたときの利得（ダイポールアンテナを基準とした相対利得），F/B比，H面放射指向特性の電気的諸特性を図F.4に示す．この結果より前記（1）と同様に，最適な素子間隔は $d_2=0.15$ 波長である．

F.1.3　3素子八木・宇田アンテナ

図F.5に示す寸法で試作した3素子八木・宇田アンテナの利得（ダイポール

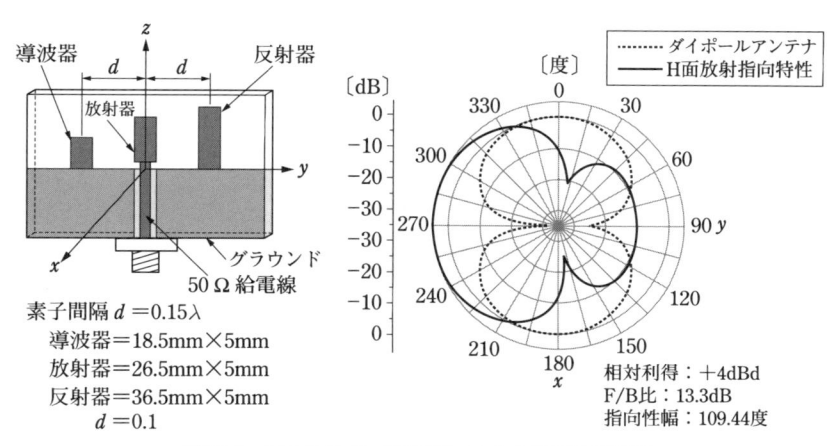

素子間隔 $d=0.15\lambda$
導波器＝18.5mm×5mm
放射器＝26.5mm×5mm
反射器＝36.5mm×5mm
$d=0.1$

相対利得：＋4dBd
F/B比：13.3dB
指向性幅：109.44度

図 **F.5**　3素子八木・宇田アンテナの電気的諸特性

アンテナを基準とした相対利得），F/B比，H面放射指向特性を同図中に示す．比較のために，ダイポールアンテナの放射指向特性を併記する．

従来のパイプや線状材料で構成された3素子八木・宇田アンテナでは，導波器は放射器に比べて3〜5%短く，反射器は放射器に比べて3〜5%長くなるが，図F.5に示す構造のプリント基板上に構成する八木・宇田アンテナでは，導波器の長さは約30%短く，反射器の長さは約38%長くした方が電気的特性はよくなるという実験結果が得られた．

F.1.4　放射指向特性を切り替えられる八木・宇田アンテナ

プリント基板は電子部品も実装できるので，プリント基板上にアンテナを構成することは，電子回路とアンテナの接続性が非常に良くなるということを意味する．そこで，八木・宇田アンテナと電子回路を融合した一例を紹介する．図F.6に示すように，放射器から0.15波長離れた両側に，長さの等しい反射器（AとB）を配置する．その各々の反射器が八木・宇田アンテナの構成素子として有効か無効かを調べるために，反射器とグラウンドの間に挿入したチップPINダイオードによる**高周波スイッチ**で制御することにより放射指向特性を切替えることが可能な，2素子八木・宇田アンテナを試作した．

図中の反射器の長さは，PINダイオードの接合容量やバイアス供給用の高周

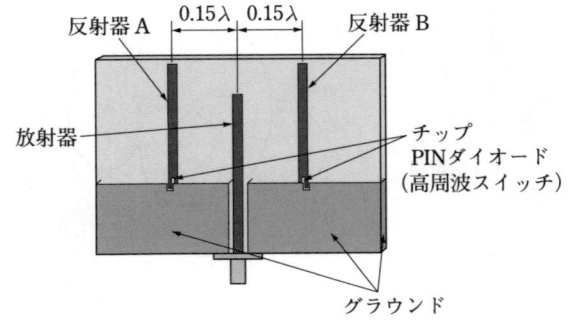

図F.6　放射指向特性を切替えられる2素子八木・宇田アンテナ

波チョークコイルなどの影響により，前述の3素子八木・宇田アンテナの反射器の長さと異なっている．反射器の長さは，実際のアンテナでのカットアンドトライによって最適化を行った．

このアンテナを試作して測定した放射指向特性を図F.7と図F.8に示す．比較のために，ダイポールアンテナの放射指向特性を併記する．

図F.9には，放射器と反射器の間隔を0.25波長としたときの放射指向特性を示す．0.15波長間隔に比べると，F/B比が改善されていることがわかる．

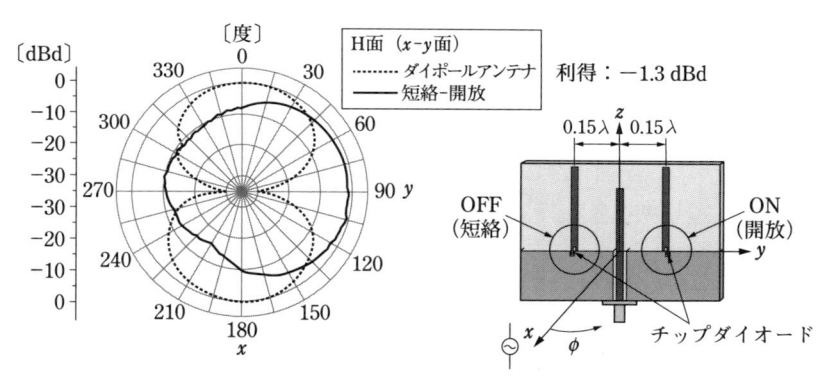

図 F.7 反射器(A)が有効，反射器(B)が無効なときの放射指向特性

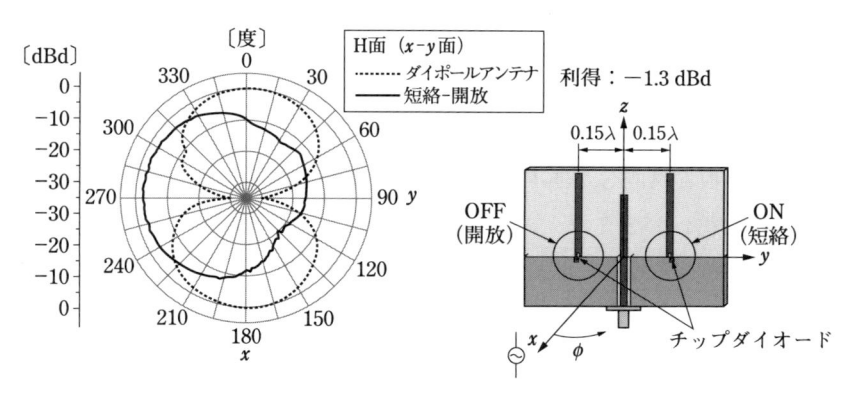

図 F.8 反射器(A)が無効，反射器(B)が有効なときの放射指向特性

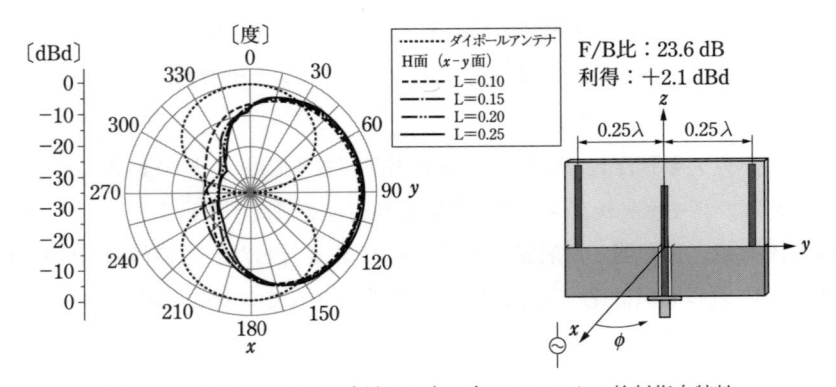

図 F.9　素子間隔が 0.25 波長の八木・宇田アンテナの放射指向特性

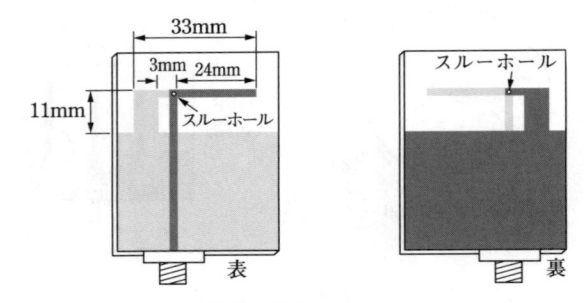

図 F.10　逆 F 型アンテナの構造

F.1.5　逆F型アンテナ

　プリント基板に構成した**逆 F 型アンテナ**の構造を図 F.10 に示す．厚さが 0.8 mm，比誘電率 ε_r が 2.5 のテフロン両面プリント基板を用いて製作した．このアンテナの実測した電気的諸特性（リターンロス特性とインピーダンス特性）を図 F.11 に示す．中心周波数は 1.81 GHz で，その周波数でのリターンロスは -34 dB であった．

　この逆 F 型アンテナの H 面の放射指向特性（実測値）を，図 F.12 に示す．

F.1　プリント基板によるアンテナの小形化

(a) リターンロス特性　　　(b) インピーダンス特性

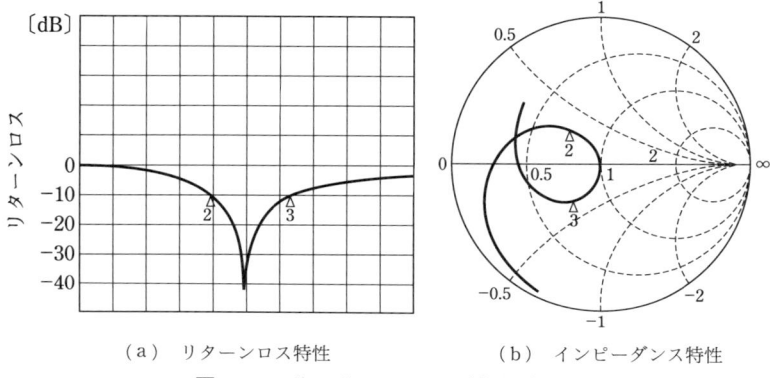

図 **F.11**　逆 F 型アンテナの電気的諸特性

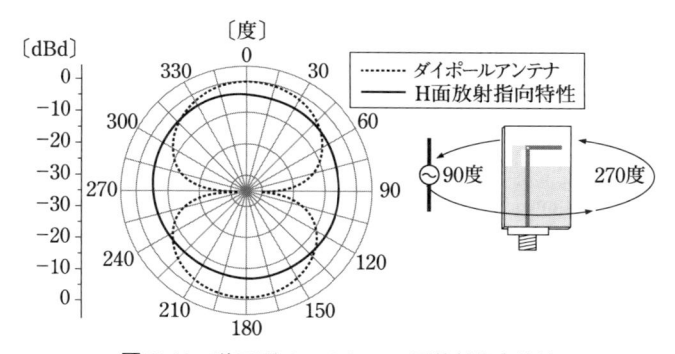

図 **F.12**　逆 F 型アンテナの H 面放射指向特性

図中の破線は，比較のためのダイポールアンテナの放射指向特性である．水平素子による H 面放射指向特性が無指向性であるのは，従来の逆 F 型アンテナと同じであるが，本アンテナではグラウンドの影響がほとんどなく，垂直素子からの H 面放射指向特性も無指向性になるのが特徴である．

逆 F 型アンテナを飛翔体（ロケットなど）のフィンに内蔵することを想定して，金属の円筒導体にアンテナを取り付けたときの放射指向特性も測定したので，その結果を図 F.13 に示す．

逆 F 型アンテナをより広帯域化するために，図 F.14 に示すようなショートス

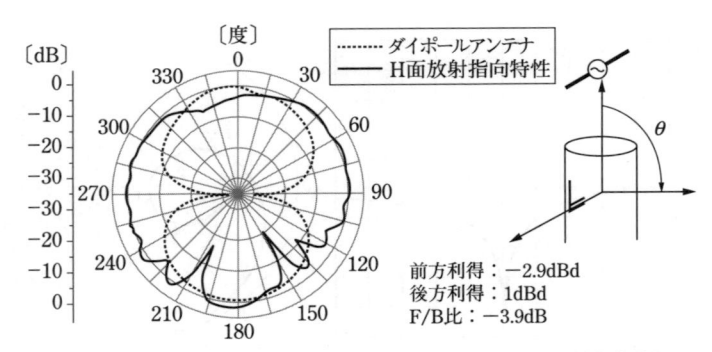

図 F.13 円筒導体に取付けた逆 F 型アンテナの H 面放射指向特性

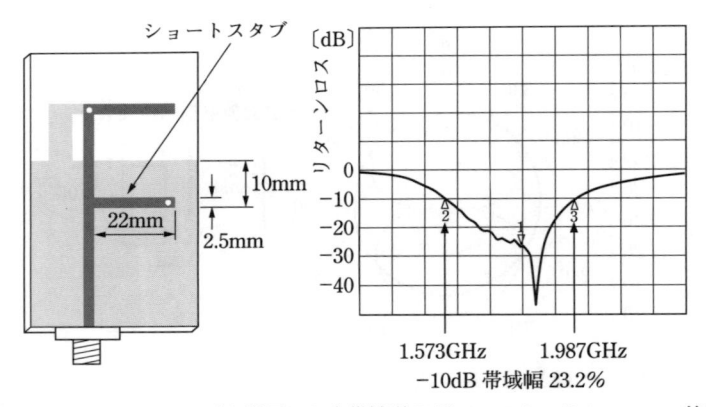

図 F.14 ショートスタブを併用した広帯域逆 F 型アンテナのリターンロス特性

タブを併用したアンテナを試作した．その結果，周波数帯域幅は，リターンロス $-10\,\mathrm{dB}$ 帯域で 23.2% も得られた．

F.1.6　　反射器付逆 F 型アンテナ

逆 F 型アンテナの放射器の後方 $\lambda_g/8$ の所に $50\,\Omega$ 線路幅で長さが $\lambda_g/4$ の反射器を付加した，2 素子逆 F 型アンテナの電気的諸特性の実測値を図 F.15 に示す．放射指向特性の図中の破線は，比較用のダイポールアンテナのものである．

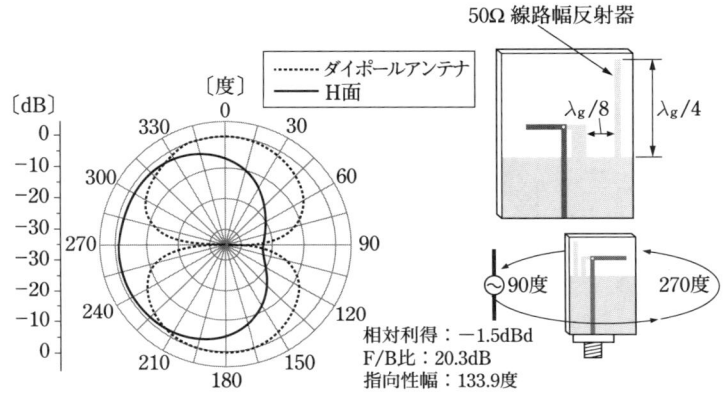

図 F.15　反射器付逆 F 型八木・宇田アンテナの電気的諸特性

利得は -1.5 dBd，F/B 比は 20.3 dB，指向性幅は 133.9 度であった．

F.2　多層構造セラミック基板アンテナ

　セラミックなどの誘電率の高い素材にアンテナ素子を取り付けると，小形化されることはよく知られている．しかし，セラミック素材にアンテナを焼き付けて製作するようなアンテナでは，そのアンテナ素子の長さを容易に変更することはできない．そこで，アンテナ素子の電気長を変更できるようにアンテナをいくつかの部品にわけ，その組合せによりいろいろな周波数に対応させるアンテナ構成方法を，禹鍾明先生らが提案している．
　ヘリカル構造のアンテナの構成例を図 F.16 に示す．アンテナは，4 種類のセラミック基板の部品 A～D で構成されている．この中の部品 B の枚数や厚さを変えることにより，アンテナの放射素子の電気長を変えることができる．
　このヘリカル構造のアンテナを，比誘電率が異なるタイプ 1（$\varepsilon_r=23$，寸法：4.5 mm×7.5 mm×0.4 mm）とタイプ 2（$\varepsilon_r=7$，寸法：4.5 mm×7.5 mm×1.6 mm）の 2 種類を試作し，それらの実測したリターンロス特性を図 F.17 に

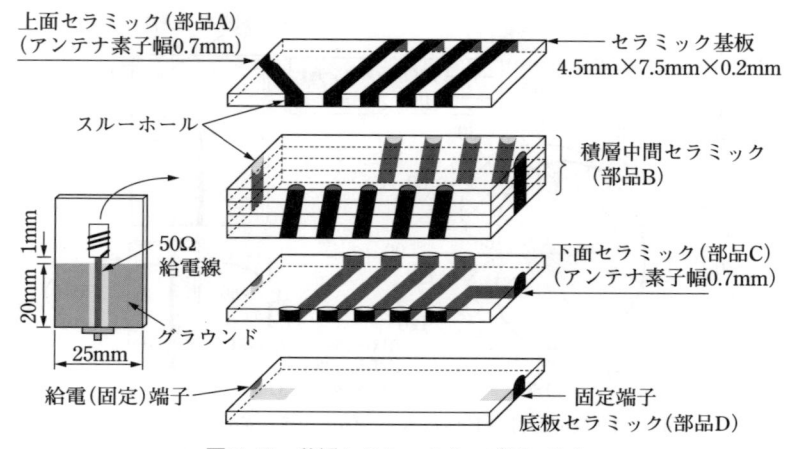

図 F.16　積層セラミックチップアンテナ

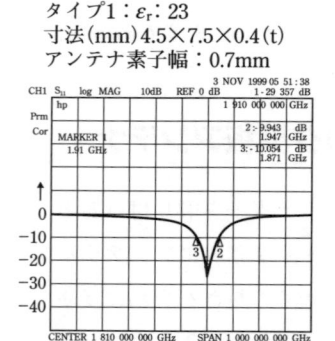

タイプ1：ε_r：23
寸法(mm) 4.5×7.5×0.4(t)
アンテナ素子幅：0.7mm

タイプ2：ε_r：7
寸法(mm) 4.5×7.5×1.6(t)
アンテナ素子幅：0.7mm

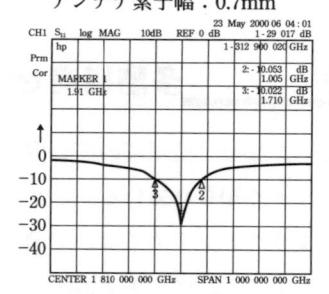

・中心周波数：1.91 GHz
・リターンロス：−27.36 dB
・−10dB帯域幅：76MHz(3.97％)

・中心周波数：1.81 GHz
・リターンロス：−29.02 dB
・−10dB帯域幅：175MHz(3.97％)

図 F.17　リターンロス特性

示す．リターンロス−10 dB以下の帯域幅は3.97％（タイプ1），9.67％（タイプ2）である．

タイプ2（グラウンドの大きさは25 mm×20 mm）の放射指向特性を図F.18と図F.19に示す．図中の破線は，比較のためのダイポールアンテナの放射指向

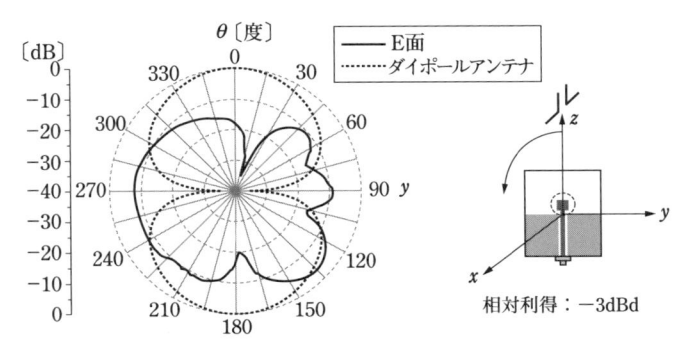

F.2 多層構造セラミック基板アンテナ

図 F.18 タイプ2アンテナのE面放射指向特性（垂直偏波 x-z 面）

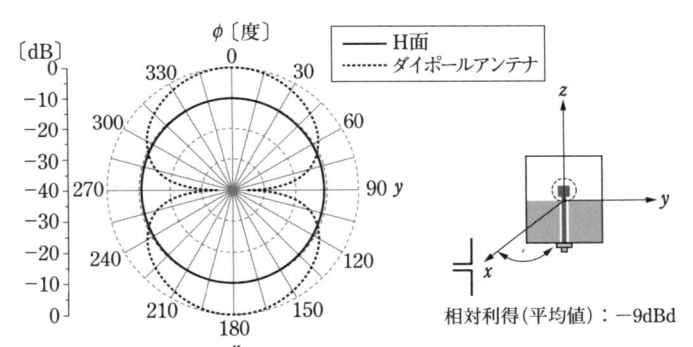

相対利得：-3dBd

図 F.19 タイプ2アンテナのH面放射指向特性（垂直偏波 x-y 面）

相対利得（平均値）：-9dBd

アンテナ素子 0.7mm

上面セラミック（部品A）
下面セラミック（部品C）
積層中間セラミック（部品B）

積層セラミックアンテナ
グラウンド
50Ω 給電線

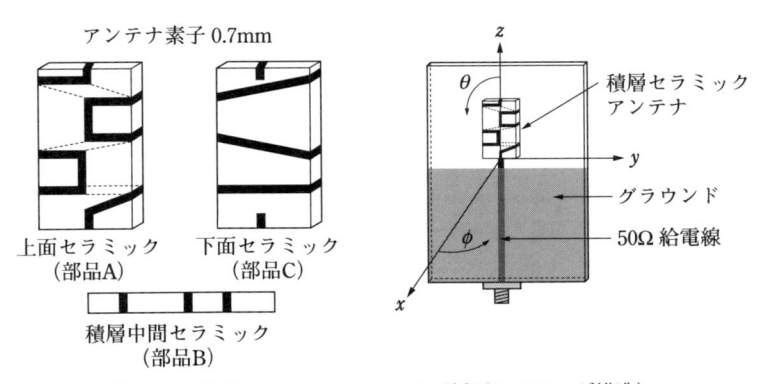

図 F.20 積層セラミックアンテナ（折返しメアンダ構造）

特性で,利得はこのダイポールアンテナに対する相対利得(dBd)で表している.

次に,図F.20に示すような,放射素子を**折返しメアンダ構造**としたセラミックアンテナを試作し,積層中間セラミック(部品B)の枚数(厚さ)を変えたときの中心周波数の変化を実測した.その結果を図F.21に示す.隣り合う水平部分の素子を流れる電流の向きは逆向きとなるので,そこからの放射は起こらない.セラミックアンテナの厚さが厚くなると放射素子の電気長が長くなるので,中心周波数も低い方へシフトしていることが読み取れる.

垂直部分の素子を流れる電流の向きは同じ向きになり,それは放射特性に影響するので,その垂直素子が一直線状に配置されるような設計をしている.タイプ3($\varepsilon_r=7$,寸法:7.5 mm×10.2 mm×1.36 mm)とタイプ4($\varepsilon_r=7$,寸法:6

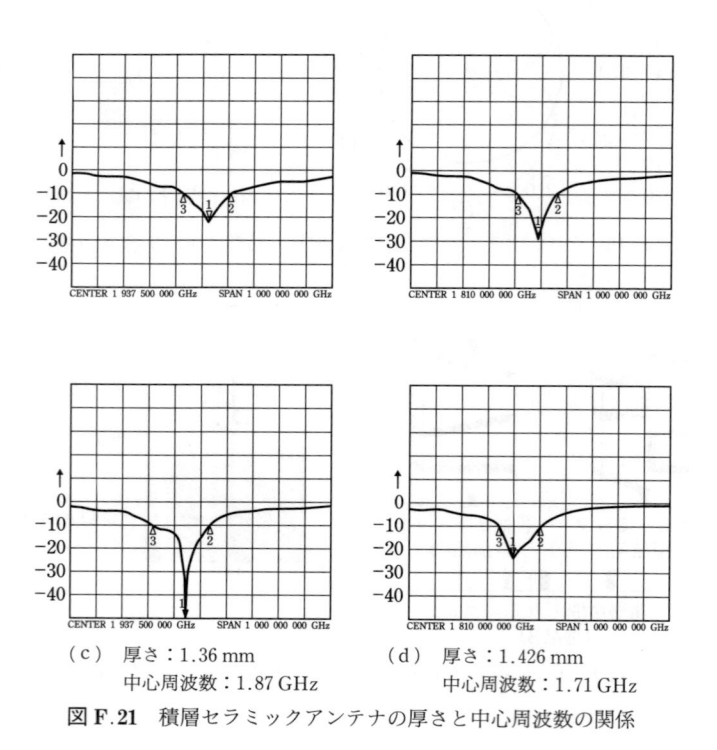

(c) 厚さ:1.36 mm
中心周波数:1.87 GHz

(d) 厚さ:1.426 mm
中心周波数:1.71 GHz

図 F.21 積層セラミックアンテナの厚さと中心周波数の関係

F.2 多層構造セラミック基板アンテナ

mm×10.2 mm×1.26 mm）の折返しメアンダ構造のセラミックアンテナを試作し，そのリターンロス特性を実測した．その結果を図 F.22 に示す．リターンロス－10 dB 以下の帯域幅は 11.6%（タイプ 3），14.8%（タイプ 4）となり，折返しメアンダ構造のアンテナが前述のヘリカル構造のアンテナよりも広くなっている．

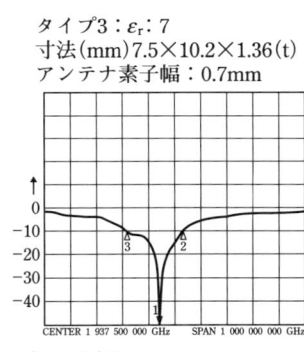

タイプ3：ε_r: 7
寸法(mm)7.5×10.2×1.36(t)
アンテナ素子幅：0.7mm

・中心周波数：1.87 GHz
・リターンロス：－59.2 dB
・－10dB帯域幅：217MHz(11.6%)

タイプ4：ε_r: 7
寸法(mm)6×10.2×1.26(t)
アンテナ素子幅：0.7mm

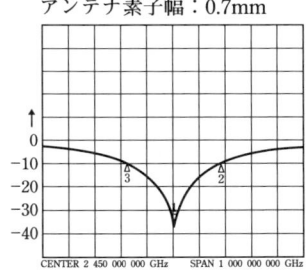

・中心周波数：2.45 GHz
・リターンロス：－36.3 dB
・－10dB帯域幅：363MHz(14.8%)

図 F.22　リターンロス特性

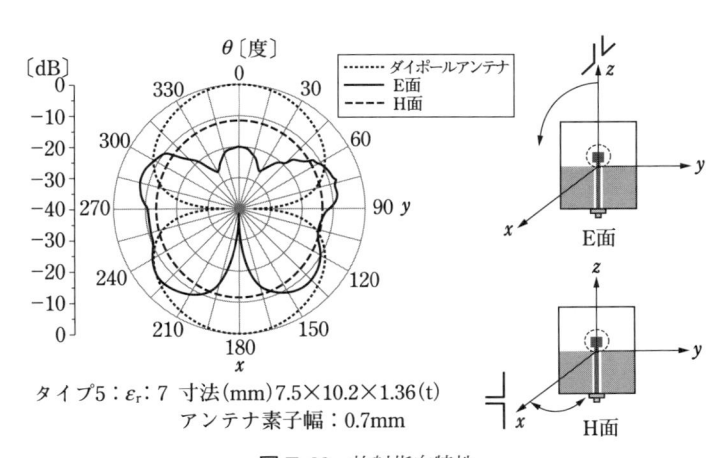

タイプ5：ε_r: 7　寸法(mm)7.5×10.2×1.36(t)
アンテナ素子幅：0.7mm

図 F.23　放射指向特性

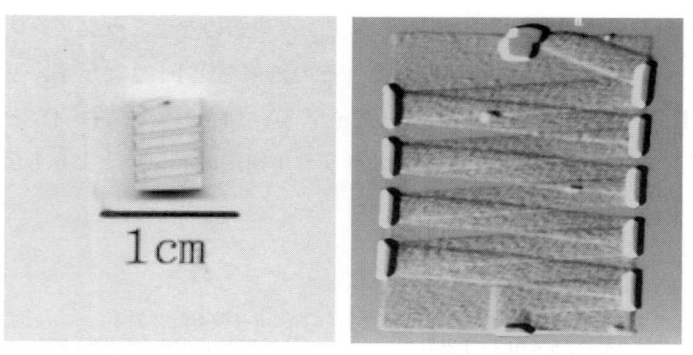

写真 F.1 積層セラミックアンテナ（ヘリカル構造）

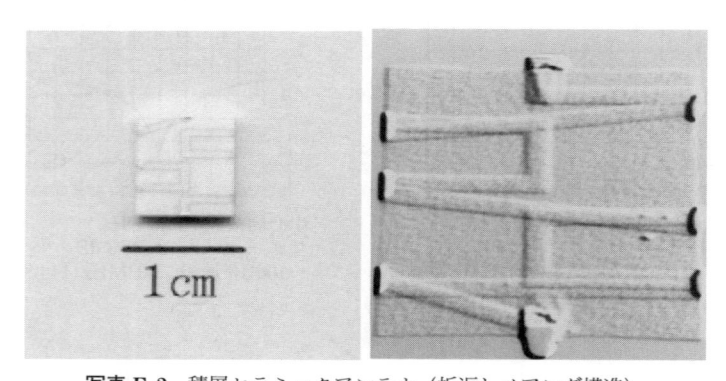

写真 F.2 積層セラミックアンテナ（折返しメアンダ構造）

表 F.1 試作アンテナの電気的特性

構造	比誘電率 ε_r	帯域幅 [%]	相対利得 [dBd]	中心周波数 [GHz]	外形寸法 [mm]
ヘリカル	23	3.91	-3	1.91	$4.5 \times 7.5 \times 0.4$ (t)
	7	9.67	-3	1.81	$4.5 \times 7.5 \times 1.6$ (t)
折返しメアンダ	7	11.6	-3	1.87	$7.5 \times 10.2 \times 1.36$ (t)
	7	14.8	-3	2.45	$6 \times 10.2 \times 1.26$ (t)

タイプ 5（$\varepsilon_r=7$，寸法：6 mm×10.2 mm×1.26 mm，マウント基板の大きさ：25 mm×40 mm×0.8 mm）の折返しメアンダ構造のセラミックアンテナを実測した放射指向特性を図 F.23 に示す．図中の破線は比較のためのダイポールアンテナの放射指向特性で，利得はこのダイポールアンテナに対する相対利得〔dBd〕である．

以上の結果により，帯域幅が広く，放射指向特性が 1/4 波長のモノポールアンテナに似た小形アンテナが実現できた．試作アンテナを写真 F.1 と写真 F.2 に示す．電気的特性を表 F.1 にまとめる．

F.3　パッチアンテナの小形化の例

平面アンテナで広く用いられているパッチアンテナの小形化について，以下にそのいくつかの例を述べる．

F.3.1　波型放射素子により小形化した方形パッチアンテナ

（1）　標準的な方形パッチアンテナ

標準的な平面放射素子を有し，放射素子とグラウンド間が空気層（3 mm）の直線偏波の方形パッチアンテナの構造を図 F.24 に，リターンロス特性と放射指向特性を図 F.25 に示す．比較のために，ダイポールアンテナの放射指向特性を併記する．実測結果として，利得は $+6.7$ dBd，帯域幅は 2.5% が得られている．

（2）　横方向を波型構造にした放射素子を有する方形パッチアンテナ

図 F.26 に，横方向を波型構造にした放射素子を有する直線偏波の**方形パッチアンテナ**の構造を示す．図中の RC（Raised Carving Part）は突起した部分，DC（Depressed Carving Part）は窪んだ部分を示す（図 F.28，図 F.30，図 F.32，図 F.33 の図中での DC と RC も同様な形状を示す）．

共振周波数が前述の平面放射素子を有するパッチアンテナと同じ 1.575 GHz になるように，波型放射素子の形状を実験的に求めた．この形状で，放射素子の横方向の長さは 84 mm から 66 mm となり，78.6% に短縮されている．図 F.27

196　付録　平面アンテナの小形化

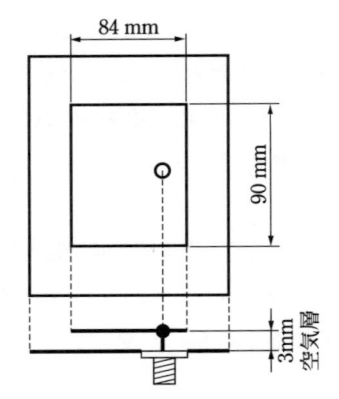

図 F.24　平面放射素子を有する方形パッチアンテナの構造

共振周波数＝1.575GHz
リターンロス＝−20.3dB
リターンロス−10dB帯域幅＝39MHz(2.5%)

利得＝+6.7dBd
指向性幅
E面：58度
H面：67.7度

（a）リターンロス特性　　　　　　　　　　（b）放射指向特性

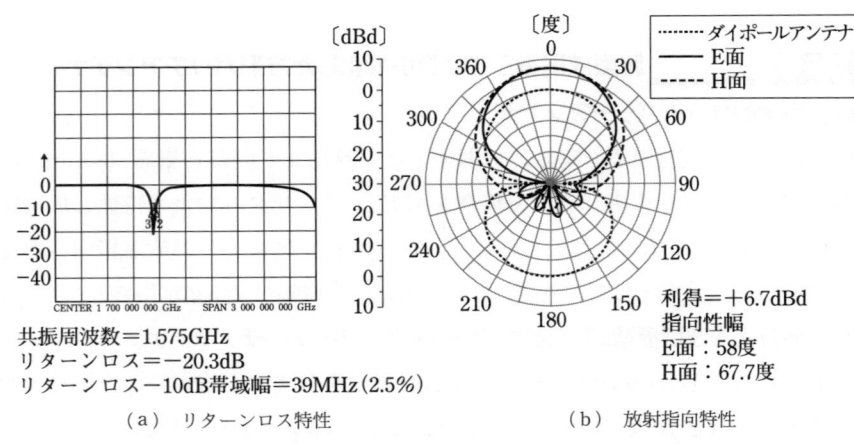

図 F.25　平面放射素子を有する方形パッチアンテナの電気的諸特性

F.3 パッチアンテナの小形化の例

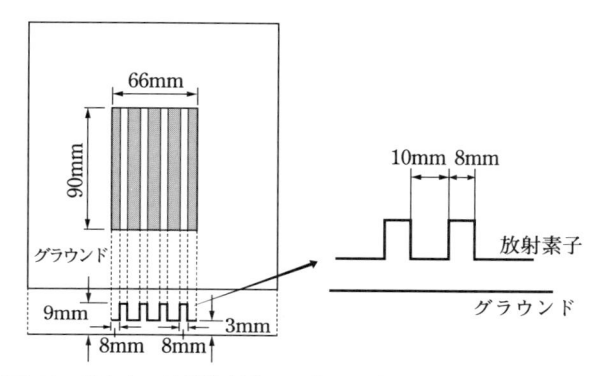

図 F.26 横方向に波型放射素子を有する方形パッチアンテナの構造

横方向波型輻射素子長＝66mm（78.6%に小形化）

共振周波数＝1.575GHz
リターンロス＝－26.2dB
リターンロス－10dB帯域幅＝62MHz（3.9%）

利得＝＋5.8dBd
指向性幅
E面：76.3度
H面：67.7度

（a） リターンロス特性　　　　　　　　　（b） 放射指向特性

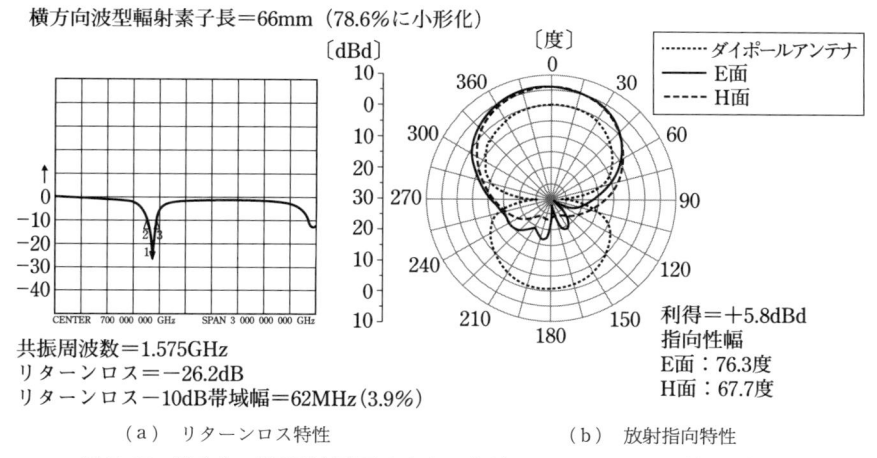

図 F.27 横方向に波型放射素子を有する方形パッチアンテナの電気的諸特性

に，リターンロス特性と放射指向特性を示す．実測結果として，利得は＋6.7 dBd，帯域幅は2.5%が得られ，（1）の平面放射素子を有するパッチアンテナより若干の利得低下はあるものの，帯域幅は広くなっている．

（3）　縦・横方向を波型構造にした放射素子を有する方形パッチアンテナ

図 F.28 に，縦・横方向を波型構造にした放射素子を有する直線偏波の方形パ

ッチアンテナの構造を示す．この形状で，放射素子の縦方向の長さは 84 mm から 65 mm となって 77.4％ に短縮され，横方向の長さは 66 mm となって 78.6％ に短縮されている．図 F.29 にリターンロス特性と放射指向特性を示す．比較のために，ダイポールアンテナの放射指向特性を併記する．実測結果として，利得

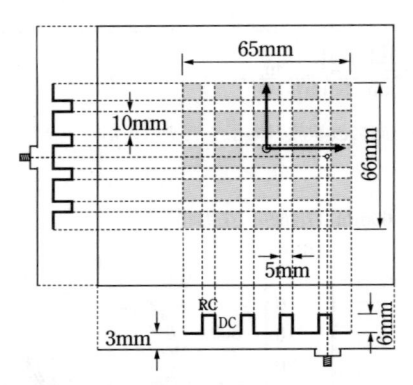

図 F.28　縦・横方向に波型放射素子を有する方形パッチアンテナの構造

縦方向波型放射素子長＝65mm（77.4％に小形化）
横方向波型放射素子長＝66mm（78.6％に小形化）

共振周波数＝1.575GHz
リターンロス＝−22.7dB
リターンロス−10dB帯域幅＝150MHz（9.5％）

利得＝＋3.8dBd
指向性幅
E面：67.7度
H面：72度

(a) リターンロス特性　　　　(b) 放射指向特性

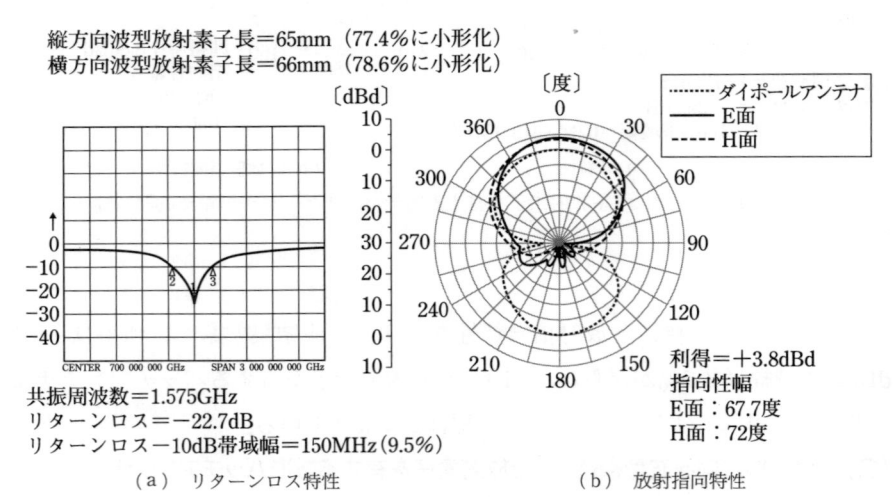

図 F.29　縦・横方向に波型放射素子を有する方形パッチアンテナの電気的諸特性

は+3.8 dBd，帯域幅は 9.5％が得られ，縦・横方向が波型の放射素子を有するパッチアンテナは，平面放射素子を有するパッチアンテナに比べて周波数帯域特性が広くなっている．

その他，いくつかの波型放射素子を有する直線偏波の方形パッチアンテナが提案されているが，図 F.30 にその形状のみを紹介する．

(4) 波型放射素子を有する円形パッチアンテナの例

方形パッチアンテナと同様に，**円形パッチアンテナ**でも波型放射素子を用いて小形化ができる．図 F.31 に，基本的な平面放射素子を有する円形パッチアンテナを示す．図中のアンテナでは，(a)は直線偏波，(b)は円偏波を発生する．

図 F.32 と図 F.33 に，波型放射素子を有する円形パッチアンテナの形状例を示す．両図に示す(a)のアンテナは直線偏波，(b)のアンテナは円偏波を発生する．波型放射素子を用いることにより，方形パッチアンテナと同様に広帯域化が確認された．

(5) 折返し放射素子を採用した方形パッチアンテナの小形化

図 F.34 に，共振周波数が 1.575 GHz の標準的な方形パッチアンテナを示す．

共振周波数＝1.575GHz
リターンロス＝－24.1dB
リターンロス－10dB帯域幅
　　　　＝52MHz(3.3％)

共振周波数＝1.575GHz
リターンロス＝－24.0dB
リターンロス－10dB帯域幅
　　　　＝542MHz(3.4％)

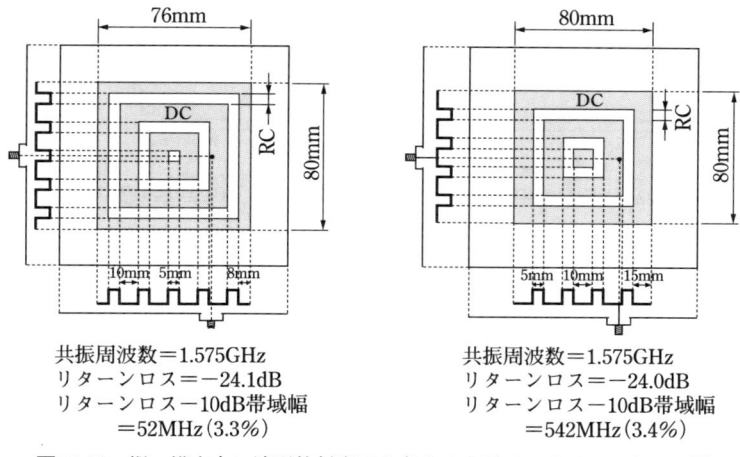

図 F.30　縦・横方向に波型放射素子を有する方形パッチアンテナの一例

(a) 直線偏波円形パッチアンテナ

共振周波数＝1.575GHz
リターンロス＝−33.8dB
リターンロス−10dB帯域幅
＝40.4MHz(2.56%)

(b) 円偏波円形パッチアンテナ（右旋）

共振周波数＝1.575GHz
リターンロス＝−14.5dB
リターンロス−10dB帯域幅
＝95MHz(6%)

図 F.31　平面放射素子を有する円形パッチアンテナの一例

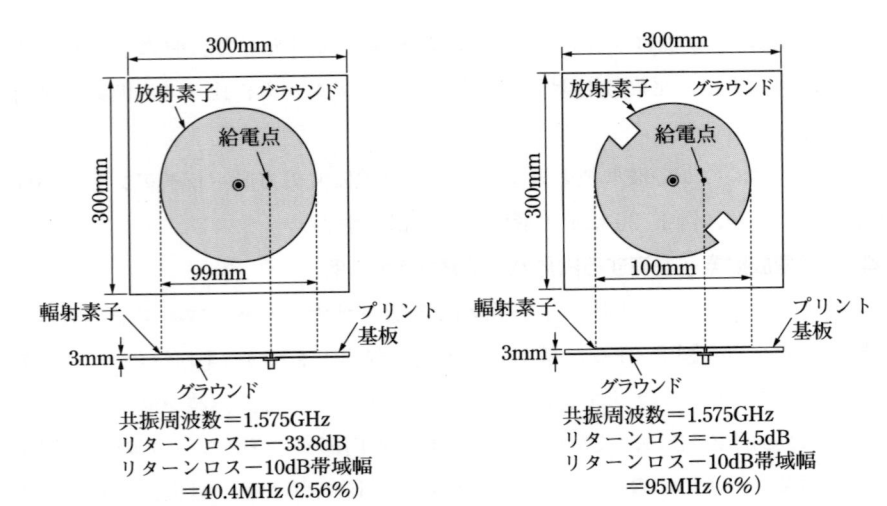

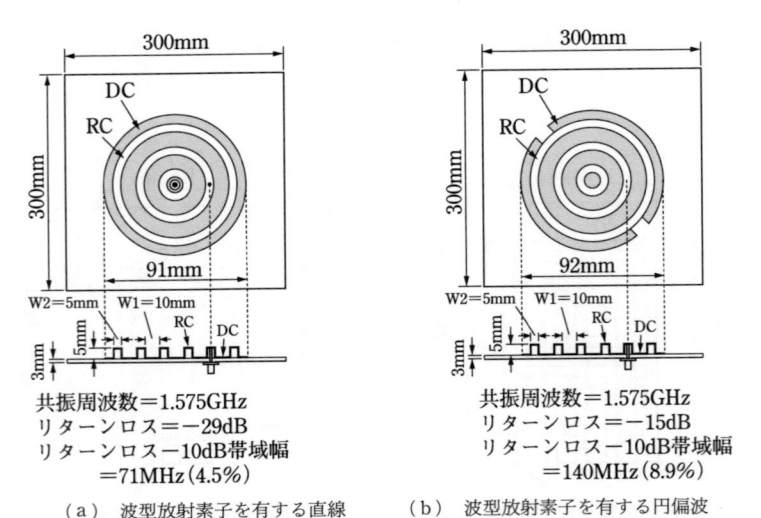

(a) 波型放射素子を有する直線偏波円形パッチアンテナ

共振周波数＝1.575GHz
リターンロス＝−29dB
リターンロス−10dB帯域幅
＝71MHz(4.5%)

(b) 波型放射素子を有する円偏波円形パッチアンテナ（右旋）

共振周波数＝1.575GHz
リターンロス＝−15dB
リターンロス−10dB帯域幅
＝140MHz(8.9%)

図 F.32　波型放射素子を有する円形パッチアンテナの一例（その1）

F.3 パッチアンテナの小形化の例

共振周波数＝1.575GHz
リターンロス＝−29dB
リターンロス−10dB帯域幅
　＝86.5MHz(5.4%)
(a) 波型放射素子を有する直線偏波円形パッチアンテナ

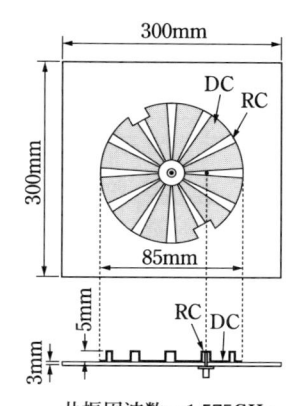

共振周波数＝1.575GHz
リターンロス＝−16.9dB
リターンロス−10dB帯域幅
　＝175MHz(11.1%)
(b) 波型放射素子を有する円偏波円形パッチアンテナ（右端）

図 F.33　波型放射素子を有する円形パッチアンテナの一例（その2）

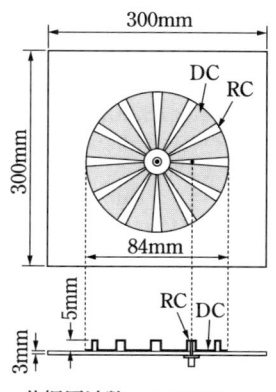

共振周波数＝1.575GHz
リターンロス＝−21.1dB
利得＝＋8dBd
リターンロス−10dB帯域幅
　＝87MHz(5.51%)
E面指向性幅＝57.6度
H面指向性幅＝67.7度

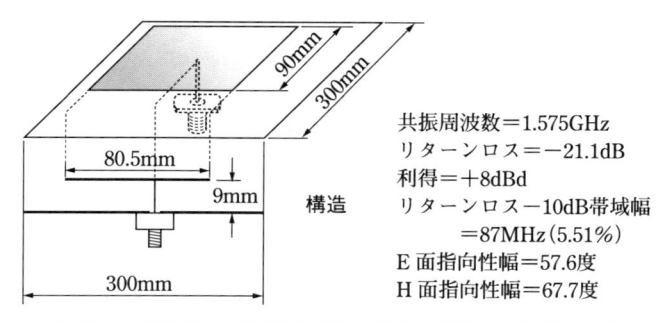

図 F.34　標準的な平面放射素子を有する方形パッチアンテナ

このパッチアンテナの放射素子の対向する2辺を図F.35に示すように折返して，その方向の寸法を74%小形化したアンテナ（Linear Polarization Folded Microstrip Antenna：LPFMA）と，図F.36に示すように放射素子の4辺を折返して寸法を28.5%小形化したアンテナ（Circular Polarization Folded Microstrip Antenna：CPFMA）を試作した．各々のアンテナを実測した電気的主

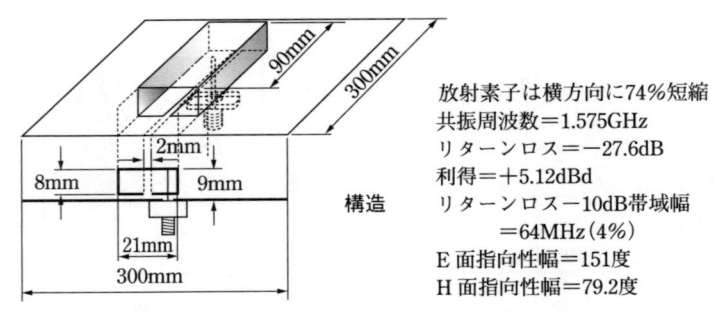

図 F.35 対抗する2辺を折返した放射素子を有する方形パッチアンテナ（LPF.MA）

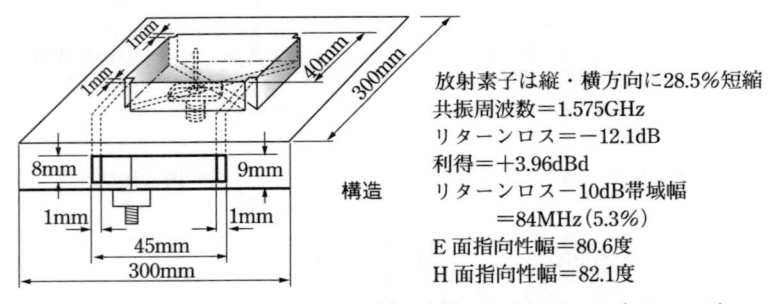

放射素子は横方向に74％短縮
共振周波数＝1.575GHz
リターンロス＝−27.6dB
利得＝＋5.12dBd
リターンロス−10dB帯域幅
　　　＝64MHz（4％）
E面指向性幅＝151度
H面指向性幅＝79.2度

図 F.36 4辺を折返し放射素子を有する方形パッチアンテナ（CPF.MA）

放射素子は縦・横方向に28.5％短縮
共振周波数＝1.575GHz
リターンロス＝−12.1dB
利得＝＋3.96dBd
リターンロス−10dB帯域幅
　　　＝84MHz（5.3％）
E面指向性幅＝80.6度
H面指向性幅＝82.1度

要特性もあわせて図中に記載する．

(6) ひだを付加した方形パッチアンテナの小形化

　パッチアンテナの放射素子にひだ（Iris，電子回路に用いる放熱用のヒートシンクのフィンに似た形状）を付加した方形パッチアンテナを図 F.37 に，グラウンド板の放射素子の真下の部分にひだを付加した方形パッチアンテナを図 F.38 に，放射素子とグラウンド板の放射素子の真下部分にひだを付加した方形パッチアンテナを図 F.39 に示す．各々のアンテナの共振周波数は 1.575 GHz である．比較のために，ダイポールアンテナの放射指向特性を併記する．各々のアンテナの実測した電気的主要特性もあわせて図中に記載する．

F.3 パッチアンテナの小形化の例

構造
- 40mm × 90mm 給電点
- 放射素子
- グラウンド
- 8mm, 9mm
- ひだ
- 300mm

放射素子は横方向に50.9%短縮
ひだ数＝12
ひだ間隔＝3.6mm（0.02λ）
共振周波数＝1.575GHz
リターンロス＝－28.5dB
利得＝＋5.9dBd
リターンロス－10dB帯域幅
　　＝103MHz（6.5%）
E面指向性幅＝111.9度

放射指向特性

凡例：
─── ダイポールアンテナ
･････ 標準パッチアンテナ
─・─ E面
─── H面

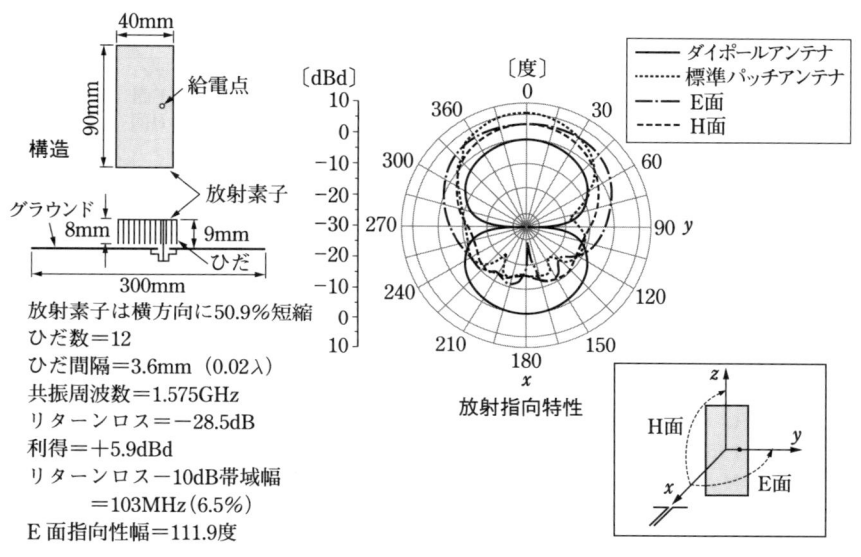

図 F.37　放射素子にひだを有する方形パッチアンテナ

構造
- 43.5mm × 90mm 給電点
- 放射素子
- グラウンド
- 8mm, 9mm
- ひだ
- 300mm

放射素子は横方向に46.7%短縮
ひだ数＝12
ひだ間隔＝3.95mm（0.02λ）
共振周波数＝1.575GHz
リターンロス＝－28.5dB
利得＝＋5.9dBd
リターンロス－10dB帯域幅
　　＝99MHz（6.3%）
E面指向性幅＝133.9度

放射指向特性

凡例：
─── ダイポールアンテナ
･････ 標準パッチアンテナ
─・─ E面
─── H面

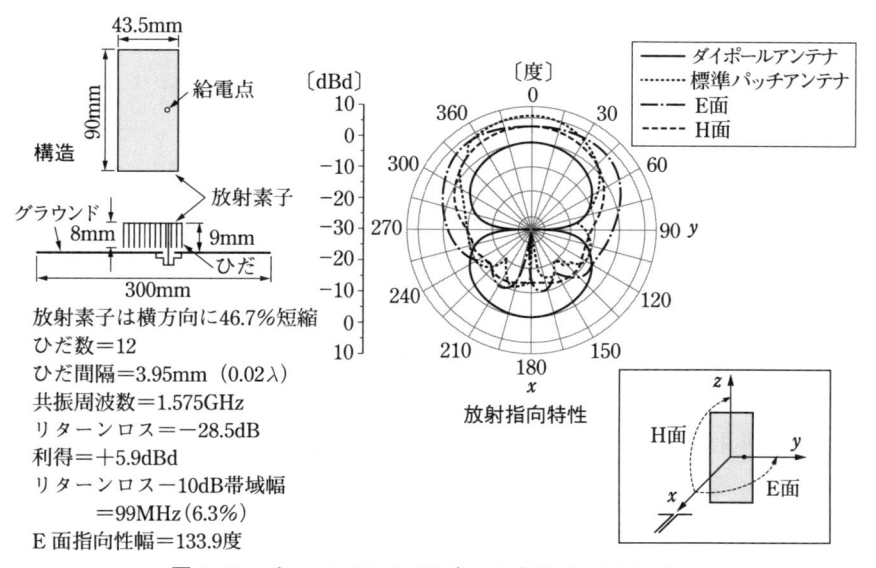

図 F.38　グラウンドにひだを有する方形パッチアンテナ

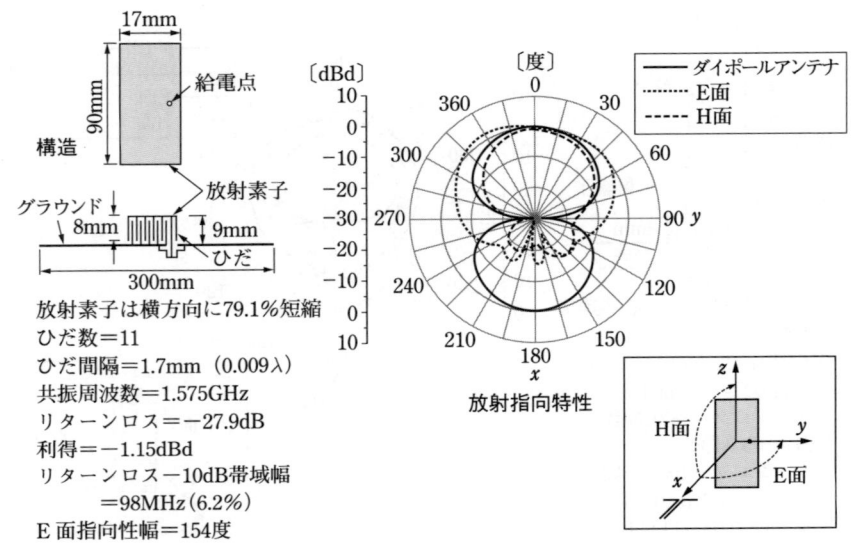

図 F.39 放射素子とグラウンドにひだを有する方形パッチアンテナ

(7) 円偏波小形パッチアンテナの一例

パッチアンテナを用いて簡単に円偏波のアンテナを作ることができるが、その小形化を考慮したものは報告例も少ないようである．本項では，1.575 GHz 用の円偏波小形パッチアンテナを紹介する．

以下，円偏波小形パッチアンテナを説明する上で，比較の基準となる基本的な直線偏波の方形パッチアンテナの電気的諸特性を図 F.40 に示す．

この基準方形パッチアンテナの放射素子の幅を狭めていくと，その共振周波数は図 F.41 に示すように変化する．共振周波数を 1.575 GHz としたまま放射素子の幅を狭め，小形化するために長さ方向を折り曲げた小形ベントパッチアンテナの構造を図 F.42 に示す．このアンテナも，図 F.40 に示した基準方形パッチアンテナと同様に直線偏波で放射する．

図 F.43 に示すように，幅の狭い放射素子を十文字型に配置すると，このパッチアンテナは円偏波の放射を起こす．この「**十文字**」**型円偏波小形パッチアンテナ**の軸比を図 F.44 に示す．このアンテナの軸比は±1 dB 以内となっており，良

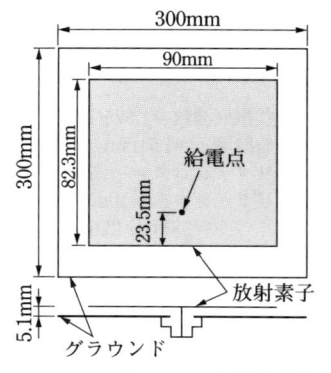

F.3 パッチアンテナの小形化の例

図 F.40　比較用基準方形パッチアンテナ

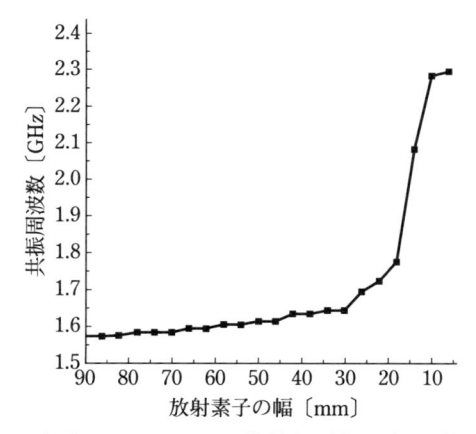

図 F.41　方形パッチアンテナの放射素子幅と共振周波数の関係

好な円偏波アンテナの特性を示している．

図 F.42 の小形ベントパッチアンテナと図 F.43 の「十文字」型円偏波小形パッチアンテナを組み合わせると，図 F.45 に示すような**「卍文字」型円偏波小形パッチアンテナ**が考えられる．そこで，図 F.46 に示す寸法で 1.575 GHz 用の「卍文字」型円偏波小形パッチアンテナを試作し，その電気的諸特性を測定した

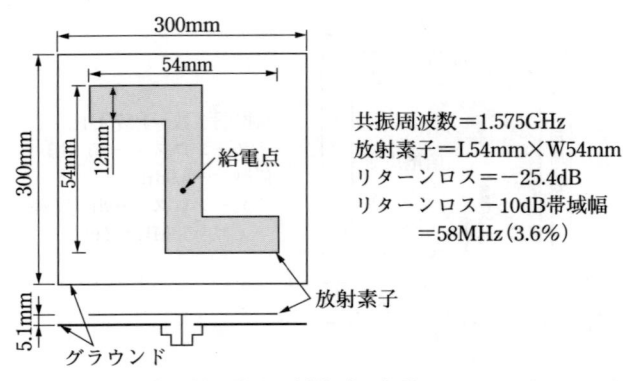

図 F.42 放射素子幅を狭くし折曲げた小形ベントパッチアンテナ

共振周波数＝1.575GHz
放射素子＝L54mm×W54mm
リターンロス＝−25.4dB
リターンロス−10dB帯域幅
　　　　＝58MHz(3.6%)

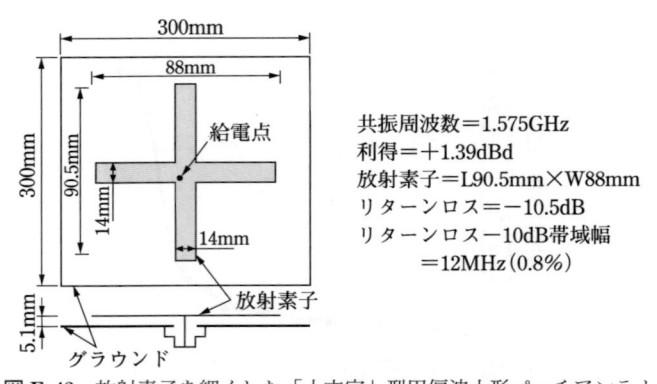

図 F.43 放射素子を細くした「十文字」型円偏波小形パッチアンテナ

共振周波数＝1.575GHz
利得＝＋1.39dBd
放射素子＝L90.5mm×W88mm
リターンロス＝−10.5dB
リターンロス−10dB帯域幅
　　　　＝12MHz(0.8%)

結果を図中に記載する．
　この「卍文字」型円偏波小形パッチアンテナの実測した水平面放射指向特性を図 F.47，垂直面放射指向特性を図 F.48（垂直面）に示す．比較のために，ダイポールアンテナの放射指向特性を併記する．このアンテナの測定した軸比は，「十文字」型円偏波小形パッチアンテナの軸比よりその偏差は大きいが，円偏波のアンテナとしては実用の範囲といえる．

F.3 パッチアンテナの小形化の例

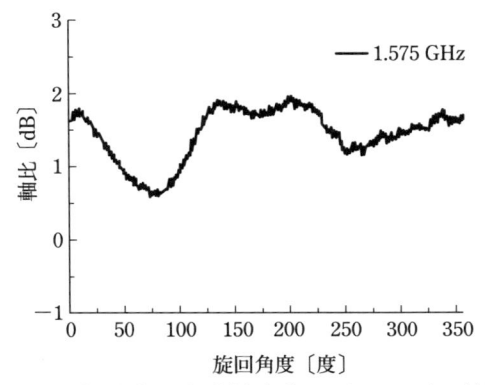

図 F.44 「十文字」型円偏波小形パッチアンテナの軸比

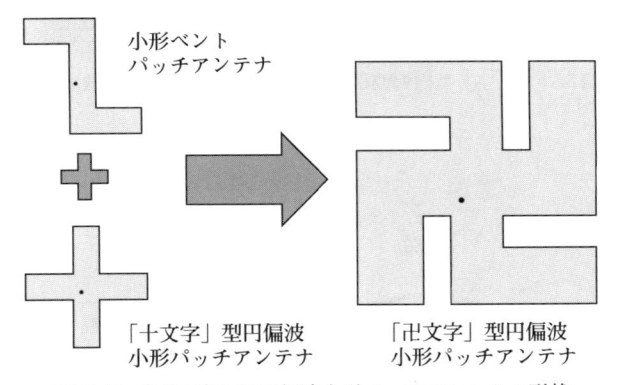

図 F.45 「卍文字」型円偏波小形パッチアンテナの形状

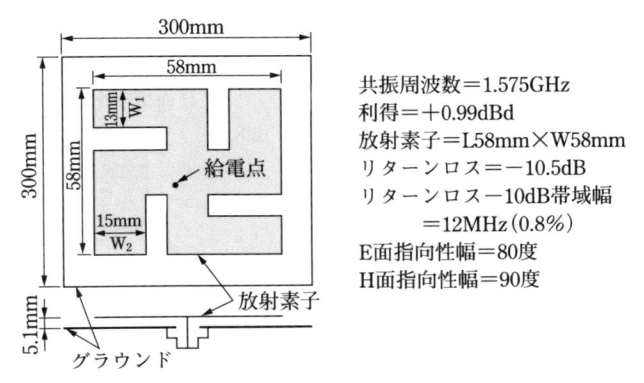

共振周波数＝1.575GHz
利得＝＋0.99dBd
放射素子＝L58mm×W58mm
リターンロス＝−10.5dB
リターンロス−10dB帯域幅
　　　　＝12MHz(0.8％)
E面指向性幅＝80度
H面指向性幅＝90度

図 F.46 小形円偏波パッチアンテナの構造と電気的諸特性

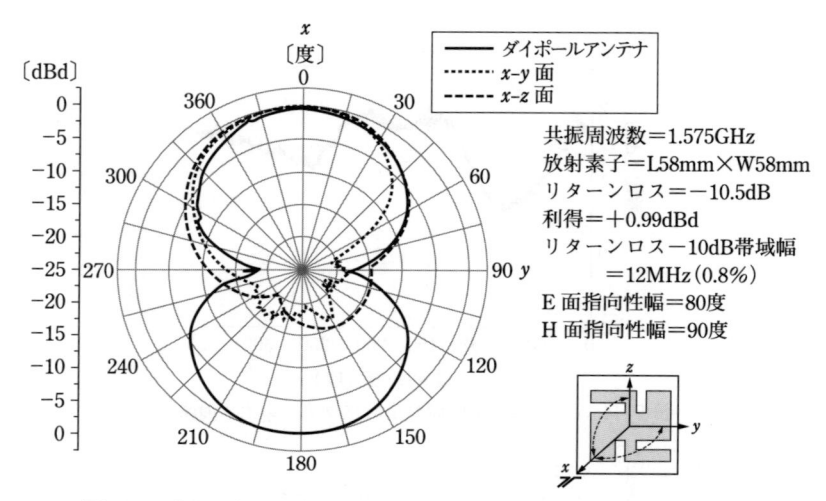

図中凡例(上図):
- ダイポールアンテナ
- x-y 面
- x-z 面

共振周波数＝1.575GHz
放射素子＝L58mm×W58mm
リターンロス＝−10.5dB
利得＝+0.99dBd
リターンロス−10dB帯域幅
　　＝12MHz(0.8%)
E面指向性幅＝80度
H面指向性幅＝90度

図 F.47　「十文字」型円偏波小形パッチアンテナの水平面放射指向特性

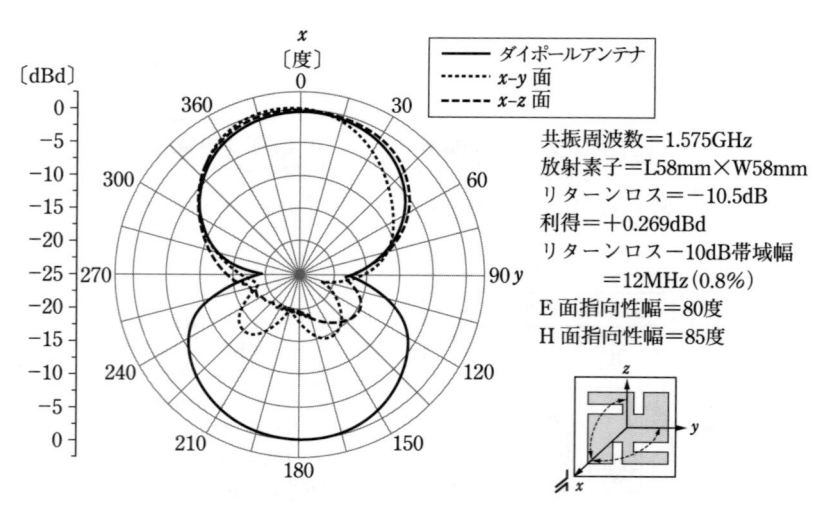

図中凡例(下図):
- ダイポールアンテナ
- x-y 面
- x-z 面

共振周波数＝1.575GHz
放射素子＝L58mm×W58mm
リターンロス＝−10.5dB
利得＝+0.269dBd
リターンロス−10dB帯域幅
　　＝12MHz(0.8%)
E面指向性幅＝80度
H面指向性幅＝85度

図 F.48　「十文字」型円偏波小形パッチアンテナの垂直面放射指向特性

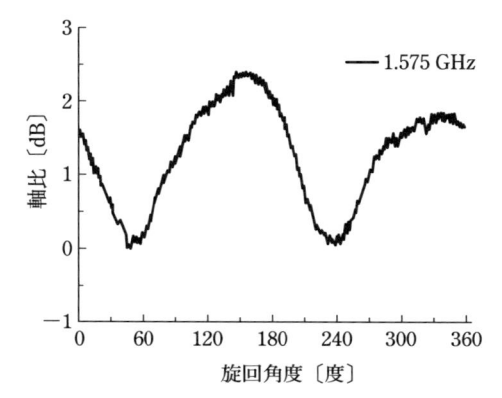

図 F.49 「十文字」型円偏波小形パッチアンテナの軸比

索引

【ア行】

アイソトロピックアンテナ　29
アイソレーショントランス　68
アダプティブアレイアンテナ　150
アレイアンテナ　150
アレイファクタ　151
アンテナチューナ　135
アンテナの利得　163
アンペア　14
アンペール　13
　——の周回積分の法則　14
　——の右ねじの法則　14
位相　19
　——角　27
　——遁倍　150
　——変調系　159
板状広帯域アンテナ　144
インダクタンス装荷型
　短縮モノポールアンテナ　113
インパルスラジオ方式　139
インピーダンス　23
　——整合回路　72
　——平面　25
　——変換トランス回路　81
エルステッド　12
エルステッドの実験　13
エレメント　94
円形パッチアンテナ　199

遠赤外線　3
円偏波　107
遠方界　i
オメガマッチ　75
オメガマッチング方式　75
折返しダイポールアンテナ　77
折返しメアンダ構造　192

【カ行】

外積　6
回線設計　162
回転演算子　9
ガウスの発散定理　11
ガウス・マクスウェルの式　18
角周波数　19
下限周波数　137
可視光線　3
仮想的なアンテナ　29
可変アッテネータ　171
可変インダクタンス　131
可変キャパシタンス　132
ガンマ線　3
ガンママッチ　73
ガンママッチング方式　73
ガンマロッド　73
擬似負荷抵抗　166
機能的小形　37
逆F型アンテナ　127, 186

逆送合成　151
キャパシタンス装荷型
　　短縮モノポールアンテナ　110
キャパシタンスマッチ　79
キャパシタンスマッチング方式　79
給電線　54
給電点インピーダンス　163，163
キュービカルクワッドアンテナ　127
共振　25，71
共振回路　85
共振周波数　163，166
狭帯域アンテナ　85
狭帯域通信　i
近傍界　ii
空間分散特性　149
クラウス　38
高周波スイッチ　184
高周波電流プローブ　175
高周波電流の分散　146
高周波電流の分布　175
高周波ブリッジ回路　163
広帯域アンテナ　125，137
広帯域通信　i
高調波アンテナ　129
勾配演算子　8
小形アンテナ　37
小形平面アンテナ　180
コンデンサ　2

【サ行】

サバール　16
紫外線　3
磁界放射型アンテナ　38，40
磁気ダイポールアンテナ　44
指向性幅　32
指向性利得　48
自己補対型　143

自己補対型アンテナ　143
自己補対の条件　144
磁性材料　122
磁束保存の式　18
実効誘電率　101
始点　5
終点　5
周波数　19
周波数変調系　159
十文字型円偏波小形パッチアンテナ　204
受信機　171
シュペルトップ型バラン　68
準静電界　42
上限周波数　137
ショートバー　73
シールド線　56
真空中の透磁率　122
進行波　20
進行波型アンテナ　138
信号発生器　171
スタガ同調回路　141
ストークスの定理　11
ストリップ線路　57
スパイラルリングアンテナ　49，53，117
スペクトラムアナライザ　173
スミスチャート　26
正規化インピーダンス　25
赤外線　3
絶対利得　23，30
接地型短縮アンテナ　109
線状アンテナ　32，85
線積分　9
センタローディングコイル型　113
装荷型短縮モノポールアンテナ　109
相対利得　23，30
疎結合　141
素子　94

ソータバラン　68
損失抵抗　39，70

【タ行】

帯域幅　48，140
対数周期の条件　144
体積積分　11
ダイポールアンテナ　31，85
ダウンコンバータ　152
多層構造セラミック基板アンテナ　189
ダミーロード　166
短縮アンテナ　109
短縮率　86
ターンテーブル　174
蓄積界　38
直接波　175
直線偏波　101
追従型位相遁倍回路方式　157
抵抗　24
定コンダクタンス円　27
定在波　34
ディスコーンアンテナ　142
ディップメータ　166
定抵抗円　26
定リアクタンス円　26
ディレクショナルカプラ　167
デシベル　21
電圧定在波比　27，48
電圧型バラン　66
電界強度　23，35
電界放射型アンテナ　38，40
電気的小形　37
電気的特性　163
電磁界放射型　49
電磁界放射型アンテナ　40
電磁場の動力学的理論　17
電磁誘導の原理　15

電波　3
電波法　3
伝搬損失　162
電流型バラン　68
電流の磁気作用　13
電流分布　163
電力束密度　161
電力密度　36，139
同軸ケーブル　56
同軸線路　56
透磁率　122
同相合成　151
導電流　1
導波管　58，147
導波器　183
トラップ　133
トリファイラ巻き　65，82
トロイダルコア　65
　——を用いた電圧型バラン　66
　——を用いた電流型バラン　68
　——を用いたバラン　65

【ナ行】

内積　6
ナブラ演算子　8
波型放射素子　195
ニッケル亜鉛系コア　65
ネットワークアナライザ　166，169

【ハ行】

バイファイラ巻き　65，81
波形歪　149
はしご型バラン　65
波長ループアンテナ　46
発散演算子　9
パッチアンテナ　101
波動方程式　20

索引

波動量　18
パラスティックエレメント　94
バラン　63
反共振　146
反射器　183
反射器付き逆 F 型アンテナ　188
反射係数　27, 34
反射波　20
半波長ダイポールアンテナ　43
ビオ　16
ビオ・サバールの法則　16
微小ダイポールアンテナ　38, 41
微小ループアンテナ　38, 44, 175
非接地型短縮アンテナ　117
ピッチ角 α　49
微分演算子　8
ビーム幅　32
比誘電率　102
ファラッド　14
ファラデー　15
　——定数　15
　——の電磁誘導の法則　16
　——の法則　2
ファラデー・マクスウェルの式　18
フィーダ　54
フェライトバーアンテナ　122
フォールデッドダイポールアンテナ　77
物理学的力線について　17
物理的小形　37
物理的制約付き小形　37
不平衡型　56
不平衡給電型　61
ブリッジ型バラン　64
振幅　19
振幅変調　156
振幅変調系　159
プリント基板によるアンテナの小形化　180

フレミング右ねじの法則　2
フロートバラン　68
分岐導体を用いたバラン　69
ヘアピンマッチ　78
ヘアピンマッチング方式　78
平衡型　55
平衡型ストリップ線路　57
平衡給電型　61
平行線路　55
平行二線　55
並列接続　126
ベクトル　5
ベースローディングコイル型　113
ヘリカル構造　189
ベル　21
ヘルツ　17, 19
変位電流　1
偏微分　20
方形パッチアンテナ　46, 195
方向性結合器　167
放射界　38, 181, 182
放射器　183
放射効率　39
放射指向特性　163, 173
放射抵抗　39, 70
放射電磁界　42
ボータイスロットアンテナ　131
ホーンアンテナ　31, 147

【マ行】

マイクロストリップアンテナ　101
マイクロストリップ線路　57
マクスウェル　2, 17
マクスウェルの方程式　17
マグネチックループアンテナ　132
マルチパス　175
マルチバンド OFDM 方式　140

マルチバンドアンテナ 125
マルチバンドダイポールアンテナ 134
卍文字型円偏波小形パッチアンテナ 205
無給電素子 94, 129, 141
面積分 10
モノポールアンテナ 41, 91, 180

【ヤ行】

八木アンテナ 92
八木・宇田アンテナ 92, 181
有向線分 5
有効面積 32
誘導電磁界 42
ユビキタスネットワーク構想 3
ユビキタス通信 i

【ラ行】

ラプラスの演算子 9
リアクタンス 24
リターンロス 34, 163, 167
利得 171
ループアンテナ 89
レッヘル線 55
ログペリオディックダイポールアンテナ 143

【英数字】

1波長ループアンテナ 89

AGC増幅器 156
AL値 66

CDMA 175

dBd 32
div演算子 9
DS-SS方式 139

DS-UWB方式 139

FB比 33
FS比 33

grad演算子 8

IEEE 802.15.3a 138
IR方式 139

LSPM 157
L型マッチング回路 80

MBOA 140

PLL 152

Q 81
Qマッチ 80
Qマッチング方式 80

rot演算子 9

S11 169
Sパラメータ 28

Tマッチ 76
Tマッチング方式 76

UWB i, 138
Uバラン 70

VCO 154
VSWR 27, 34, 48, 163, 167

WiMedia Alliance 140
WiMedia-MultiBand OFDM Alliance 140
X線 3

＜著者紹介＞

根日屋英之（ねびやひでゆき）

　1980年東京理科大学工学部電気工学科卒業，1998年日本大学大学院（理工学研究科電子工学専攻）博士前期課程修了，2001年同博士後期課程修了．自動車会社，電機メーカー，大学付属研究所などを経て，1987年株式会社アンプレット設立，代表取締役社長に就任，現在に至る．1993年より大韓民国通産部SMIPC無線通信専門家として，韓国のCDMA携帯電話の導入に参加．工学博士．

【　賞　】　2003年度日本起業家大賞（EOY Japan）セミファイナリスト
　　　　　　2003年度最優秀ユビキタスネットワーク技術開発賞（EC研究会）

【著書】　『ユビキタス無線工学と微細RFID』東京電機大学出版局（共著）
　　　　　『ユビキタス無線ディバイス』東京電機大学（小川と共著）
　　　　　『DSPの無線応用』オーム社（共著）
　　　　　『RFタグの開発と応用II』シーエムシー出版（共著）など

小川　真紀（おがわまき）

　1992年北海道阿寒高等学校卒業，現在，放送大学教養学部在籍．ソフトウェア開発会社，マイクロ波・ミリ波関連コンポーネント製造メーカー，商社，電子機器メーカーを経て，株式会社アンプレット取締役（開発担当）に就任，現在に至る．UHF帯/マイクロ波帯RFタグ，94GHzミリ波レーダ（モノパルス方式，FMCW方式），平面アンテナ，小形アンテナの開発を担当．

●株式会社アンプレットのホームページ
　　http://www.amplet.co.jp/

ユビキタス時代のアンテナ設計			
——広帯域，マルチバンド，至近距離通信のための最新技術——			
2005年9月30日 第1版1刷発行	著 者	根日屋 英之	
		小川 真紀	
	発行所	学校法人　東京電機大学	
		東京電機大学出版局	
		代表者　加藤康太郎	
		〒 101-8457	
		東京都千代田区神田錦町2-2	
		振替口座　00160-5- 71715	
		電話　(03)5280-3433（営業）	
		(03)5280-3422（編集）	
印刷　三美印刷㈱		© Nebiya Hideyuki,	
製本　渡辺製本㈱		Ogawa Maki　2005	
装丁　高橋壮一		Printed in Japan	

＊無断で転載することを禁じます．
＊落丁・乱丁本はお取替えいたします．

ISBN4-501-32500-3　C3055

無線技術士・通信士試験受験参考書

合格精選 300 題　試験問題集
第一級陸上無線技術士
吉川忠久　著
B6 判　312 頁

これまでに実施された一陸技試験の既出問題を分野ごとに分類し，頻出問題と重要問題にしぼって 300 題を抽出した。小さなサイズに重要なエッセンスを詰め込んだ，携帯性に優れた学習ツール。

合格精選 320 題　試験問題集
第一級陸上無線技術士 第 2 集
吉川忠久　著
B6 判　336 頁

新しい出題傾向に対応した既出問題を中心に，豊富な練習問題量を提供することを意図した試験対策問題集。既刊の一陸技問題集とあわせて問題練習を行えば，より合格を確実にすることができる。

合格精選 300 題　試験問題集
第二級陸上無線技術士
吉川忠久　著
B6 判　312 頁

頻出問題・重要問題の問題と解説をページの裏表に収録して，効率よく学習できるように配慮。重要ポイントを繰り返し学習することで合格できるよう構成した。

合格精選 320 題　試験問題集
第二級陸上無線技術士 第 2 集
吉川忠久　著
B6 判　312 頁

新しい出題傾向に対応した既出問題を中心に，豊富な練習問題量を提供することを意図した試験対策問題集。既刊の二陸技問題集とあわせて問題練習を行えば，より合格を確実にすることができる。

1,2 陸技受験教室 1
無線工学の基礎
安達宏司　著
A5 判　252 頁

これまでに学んだ知識を確認する基礎学習と基本問題練習で構成した，無線従事者試験受験教室シリーズの第 1 巻。無線工学の基礎となる電気物理・電気回路・電気磁気測定をわかりやすく解説。

1,2 陸技受験教室 2
無線工学 A
横山重明／吉川忠久　共著
A5 判　280 頁

無線設備と測定機器の理論，構造及び性能，測定機器の保守及び運用の解説と基本問題の解答解説を収録。これまでの試験を分析した結果に基づき，出題範囲・レベル・傾向にあわせた内容となっている。

1,2 陸技受験教室 3
無線工学 B
吉川忠久　著
A5 判　240 頁

空中線系等とその測定機器の理論，構造及び機能，保守及び運用の解説と基本問題の解答解説。参考書としての総まとめ，問題集としての既出問題の研究とを兼ねているので，効率的に学習することができる。

1,2 陸技受験教室 4
電波法規
吉川忠久　著
A5 判　148 頁

電波法および関係法規，国際電気通信条約について，出題頻度の高いポイントの詳細な解説と，豊富な練習問題を収録した。既出問題の出題分析に基づいて構成した，合格への必携の書。

第一級陸上特殊無線技士試験　集中ゼミ
吉川忠久　著
A5 判　304 頁

陸上特殊無線技士試験は，陸上移動通信，衛星通信などの無線設備の操作または操作の監督を行う無線従事者として，それらの無線設備の点検・保守を行う点検員として従事するときに必要な資格である

合格精選 370 題　試験問題集
第一級陸上特殊無線技士
吉川忠久　著
B6 判　254 頁

これまでに実施された一陸特試験の既出問題から頻出問題・重要問題を精選・収録した問題集。コンパクトなサイズに必要な練習問題を網羅して収録した，携帯性に優れた試験対策書である。

＊定価，図書目録のお問い合わせ・ご要望は出版局までお願い致します。

画像処理技術関連図書

画像処理応用システム

精密工学会画像応用技術専門委員会 編
A5 判　272 頁
重要な基礎技術として各分野に広く波及する画像処理応用技術。精密工学会画像応用技術専門委員会の10年以上にわたる知見をまとめた，技術者・研究者必携の一冊。

ディジタル情報流通システム
コンテンツ・著作権・ビジネスモデル

画像電子学会 編／曽根原登 著
A5 判　308 頁
ブロードバンドが一般に普及した社会におけるディジタルコンテンツの生産・流通・消費の技術とサービスの課題を明らかにして，その技術的解決方法について解説した。

マルチメディア通信工学

村上伸一 著
A5 判　218 頁
マルチメディア通信技術を基礎からやさしく解説した入門書。インターネットや携帯電話の普及にともなう新技術までを取り上げた。

電子透かし技術
デジタルコンテンツのセキュリティ

画像電子学会 編
A5 判　232 頁
一般的な文書から各種画像，音楽情報における電子透かし，またはステガノグラフィや生体認証など周辺の技術までを網羅して解説。

メディアの技術史
洞窟画からインターネットへ

齋藤嘉博 著
A5 判　220 頁
「人間は情報を何にのせてきたか」という切り口から，人類における2万年余のメディア史を振り返り，背後に展開する文明史と人間の精神史を説く。

可視化情報学入門
見えないものを視る

可視化情報学入門編集委員会 編
A5 判　228 頁
可視化情報学とは，目に見えない情報を目に見える情報として取り出し，現象の解明に利用する学問である。本書は，この学問の内容を多岐にわたって紹介する入門書である。

画像処理工学

村上伸一 著
A5 判　182 頁
初めて画像処理工学を学ぶ人を対象として，その技術の概要および応用技術について解説。理工系大学・大学院における画像処理技術の入門的教科書としてまとめた。

コンピュータグラフィックスの基礎

村上伸一 著
A5 判　152 頁
CG技術の基礎を中心に解説した入門書。CGの基礎理論を理解することによって，画像を基礎的な部分から生成する技術が身に付くように，内容を構成した。

ディジタル放送技術

松尾憲一 著
A5 判　160 頁
ディジタル映像，音響機器，ディジタル通信にも関連するディジタルテレビジョンの基礎技術をわかりやすく解説。放送関連のエンジニアのテキストとして最適。

情報史・情報学

小山田了三 著
A5 判　244 頁
情報の歴史と，情報学と呼ばれる学問の領域を見渡す全般的な基礎知識ついて，初学者向けにわかりやすく解説した一冊。

＊定価，図書目録のお問い合わせ・ご要望は出版局までお願い致します。

データ通信図書／ネットワーク技術解説書

ユビキタス無線デバイス
－ICカード・RFタグ・UWB
・ZigBee・可視光通信・技術動向－
根日屋英之・小川真紀 著
A5判　236頁
ユビキタス社会を実現するために必要な至近距離通信用の各種無線デバイスについて，その特徴や用途から応用システムまでを解説した。

スペクトラム拡散技術のすべて
CDMAからIMT-2000，Bluetoothまで

松尾憲一 著
A5判　324頁
数学的な議論を最低限に押さえることにより，無線通信事業に関わる技術者を対象として，できる限り現場感覚で最新通信技術を解説した一冊。

ディジタル移動通信方式　第2版
基本技術からIMT-2000まで
山内雪路 著
A5判　160頁
工科系の大学生や移動体通信関連産業に従事する初級技術者を対象として，ディジタル方式による現代の移動体通信システムを概説し，そのためのディジタル変復調技術を解説する。

リモートセンシングのための
合成開口レーダの基礎
大内和夫 著
A5判　354頁
合成開口レーダ（SAR）システムにより得られたデータを解析し，高度な情報を抽出するためのSAR画像生成プロセスの基礎を解説する。

モバイルコンピュータの
　　　　　　　データ通信
山内雪路 著
A5判　288頁
モバイルコンピューティング環境を支える要素技術であるデータ通信プロトコルを中心に，データ通信技術全般を平易に解説した。

ユビキタス無線工学と微細RFID　第2版
無線ICタグの技術
根日屋英之・植竹古都美 著
A5判　192頁
広く産業分野での応用が期待されている無線ICタグシステム．これを構成する微細RFIDについて，その理論や設計手法を解説した一冊。

スペクトラム拡散通信　第2版
高性能ディジタル通信方式に向けて
山内雪路 著
A5判　180頁
次世代無線通信システムの基幹技術となるスペクトラム拡散通信方式について，最新のCDMA応用技術を含めてその特徴や原理を解説。

MATLAB/SimulinkによるCDMA
サイバネットシステム・真田幸俊 共著
A5判　186頁
次世代移動通信方式として注目されているCDMAの複雑なシステムを，アルゴリズム開発言語「MATLAB」とブロック線図シミュレータ「Simulink」を用いて解説。

センサネットワーク技術
ユビキタス情報環境の構築に向けて
安藤繁他 編著
A5判　244頁
情報通信端末の小型化・低コスト化により，大規模・高解像度の分散計測システム（センサネットワーク）を安価に構築できるようになった。本書では，その基礎技術から応用技術までを解説している。

GPS技術入門
坂井丈泰 共著
A5判　224頁
カーナビゲーションシステムや建設，農林水産，レジャーなど社会システムのインフラとして広く活用されているGPS技術の原理や技術的背景を解説した一冊。